は
にあるのか

佐藤勝彦

Sato Katsuhiko

a pilot of wisdom

目次

第一章　宇宙はどこまでわかったのか

世界の「空間」と「時間」への興味
宇宙に人類が生まれたのは偶然か必然か
大航海時代のように命懸けで宇宙を探ったアポロ計画
無人探査機が探る地球外生命の可能性
やがて太陽系外に飛び出すボイジャー
天の川銀河の外にも銀河はあった
宇宙の永遠不変を信じたアインシュタイン
ハッブルの大発見を予測していたフリードマンの膨張宇宙理論
宇宙は一三七億年前に生まれて膨張を始めた
ガモフの「ビッグバン理論」
星や銀河の材料はビッグバンだけでは生まれない
宇宙マイクロ波背景放射はビッグバンの「化石」
銀河には蜂の巣のような大構造がある

真空の相転移によって「四つの力」は枝分かれした
「真空の相転移」を裏づけたヒッグス粒子の発見
物質の質量のうちヒッグス粒子に由来するのはたった一%
「密度ゆらぎ」と「一様性問題」
インフレーション理論が解決した「平坦性問題」
真空のエネルギーという魔法

第五章 マルチバース

「無数の宇宙」を前提にしたワインバーグの人間原理
思いがけずマルチバースを予言したインフレーション理論
外側は収縮しているのに中は膨張するという矛盾
「ワームホール」でつながった親宇宙と子宇宙
素粒子の標準模型を乗り越える「超弦理論」とは何か
素粒子はすべて一次元の「弦」でできている

人間原理が研究のヒントになることもある
状況証拠だけで有罪と決めつけてはいけない
人間原理の乱用は学問の放棄

あとがき　204

構成／岡田仁志
図版作成／株式会社ウエイド

第一章　宇宙はどこまでわかったのか

世界の「空間」と「時間」への興味

私たち人間は、自分の生きているこの世界のことを知らずにいられません。

まず第一に、この世界が「空間的」にどうなっているのかを知りたいという気持ちがあります。その欲求の背景には、好奇心もあれば、不安もあるでしょう。

知らない町に行ったとき、とりあえず地図を持って周辺を歩き回ってみるのもそのためです。赤ん坊でさえ、母親の手から離れて自力で移動できるようになると、家の中を一生懸命に這《は》い回り、隣の部屋がどうなっているのか、壁の向こうに何があるのかを探ろうとする。それを思うと、これは人間が生まれつき持っている根源的な欲求だといえるのではないでしょうか。

また、私たちは「過去」や「未来」のこと——つまり自分の置かれた世界の「時間的」な成り立ちも知りたがります。

その最たるものが、自分の「起源」に対しての興味にほかなりません。「今ここ」にいる自分は、一体どのようにして生まれたのか。そのルーツを、「時間」を遡《さかのぼ》ることによって知ろうとするのです。

そして、この「空間」と「時間」への興味は、決して別々のものではありません。たとえばあなたは、星のまたたく夜空を見上げながら、宇宙の空間的な広がりに思いを馳《は》せているときに、こんなことを考えた経験がないでしょうか。

「もし人間がいなかったら、誰も宇宙の存在を知らないはずだ。その場合、この宇宙は本当に〈ある〉のだろうか――」

これは、実に哲学的な問いかけです。

もちろん、私たち地球人が生まれていなくても、ほかの天体に知的生命体が存在すれば、彼らが宇宙の空間的な広がりに気づくでしょう。

しかし宇宙を観測するほどの知能を持つ生命体がいなかったら――それ以前に、そもそも生命体と呼べるものが存在しなかったら――宇宙が「ある」のか「ない」のかわかりようがありません。

もし、誰かが認識することで初めてそれが「ある」といえるのであれば、空間への興味と認識主体への興味は切り離すことができません。宇宙空間への興味を抱いた人は、それと同時に、宇宙の認識主体（たとえば私たち人類）がどのように生まれたのかを知りたくなるでしょう。

人間が生まれていなければ、宇宙の広がりについて考えることもできません。その意味で、この世界の「空間」と「時間」への興味や疑問は、同じ根っこを持つともいえるわけです。

宇宙に人類が生まれたのは偶然か必然か

言葉を換えると、この疑問はこんな言い方をすることもできます。

「この宇宙に私たち人類が生まれたのは偶然なのか、それとも必然なのか？」

「観測者のいない宇宙は存在し得るのか？」

そんな疑問を抱いているのは、私たち物理学者も同じです。

物理学は「この世界」の成り立ちを解き明かすための努力を積み重ねることで発展してきました。あらゆる科学分野の中で、もっとも深く自然界の根源に迫ろうとするのが物理学です。

実際、この世界を形作っている物質的な仕組みについて、物理学はこれまで多くのことを解明してきました。しかし科学の世界では、一つの謎が解明されると、それによってまた新たな謎が生まれるのが常です。物理学の分野でも、さまざまな事実や法則がわかってくるにつれて、大きな謎が生まれました。

それは、宇宙が「人間にとって、とても都合よくできている」ということです。

私たち物理学者は、この宇宙が物理法則にしたがって動いているという信念を持っています。当たり前のことですが、物理法則は自然が選んだものであって、人間が作ったわけではありません。

ところがその物理法則が、私たち人間を生み出す上で実に都合よくできているようにしか思えない。これは、大変に不思議なことです。

さまざまな物理法則や数値が少しでも異なれば、宇宙には星も銀河も生まれなかったでしょう。だとすれば、人類どころか単細胞生物さえ生まれません。つまり、「誰も観測者のいない宇宙」になる可能性が十分にあったのです。

ところが現実に、この宇宙には星が誕生し、その星が集まった天の川銀河には、太陽系第三惑星が作られました。そこでは生命体が生まれ、何十億年もかけて進化した結果、宇宙の「空間」や「時間」について考えをめぐらせています。

これは一体、どのように考えればよいのか——。

この大きな謎が、本書のテーマです。私たちにとって、これ以上はないほど根源的かつ好奇心を強く刺激される問題だと言っていいでしょう。

そこでまずこの章では、人類という知的生命体が、この宇宙の成り立ちをどこまで解明したのかをお話しすることにします。

大航海時代のように命懸けで宇宙を探ったアポロ計画

人類はその歴史が始まった頃から、この世界の空間的な成り立ちを把握することに努めてきました。最初の謎は、自分たちの立っているこの地面の「果て」はどうなっているかということだったでしょう。

たとえば、水平線を越えた船のマストが徐々に短くなることから、どこまでも平面が続いているわけではなく、球状になっていることが推察できた——という話は、誰でも聞いたことがあると思います。

地面は丸いので、海をひたすらまっすぐに進んでいけば、元の位置に戻ることができる――これはきわめて大きな発見でした。

一五世紀に始まった大航海時代にコロンブスやバスコ・ダ・ガマらが行った航海は、その地球の全体像を探る営みだったともいえます。もちろん、そこには植民地主義的な動機に基づく海外進出という側面がありました。しかし、この時期から徐々に実見に基づく正確な世界地図が作られるようになったのもたしかです。

一方、その地球の外側に広がる宇宙を、人類が「自分たちの暮らす空間」と見なすまでには、少し時間がかかりました。二世紀にプトレマイオスが「天動説」を唱えたことからもわかるとおり、天体と地球との関係は古くから研究されていましたが、神様が支配する「天上」は、人間の暮らす「地上」とは異なる法則にしたがって動く別世界だと考えられていたのです。

その考え方を一七世紀の後半に根底から覆《くつがえ》したのが、アイザック・ニュートン（一六四三～一七二七）の「万有引力の発見」でした。

ニュートンはここで、あらゆる物体のあいだに引力が働いていることを発見したわけですが、これは地球上の物体だけではありません。そこには、天体も含まれます。地上でリンゴが木から落ちるのも、天上で月が地球の周囲をぐるぐると回るのも、同じ引力の作用にほかならない――それを見抜いたのが、ニュートンの偉大なところです。

つまり、天上も地上も、同じ物理法則にしたがって動いている。宇宙は別世界ではなく、私たち人間の暮らす地球もその一部であることがわかったのです。

二〇世紀になると、人類は自分たちの「世界」の成り立ちを探究するために、地球の外へも出かけて行くようになりました。一九六一年には、ガガーリンを乗せたソ連のボストーク1号が世界初の有人宇宙飛行に成功。「地球は青かった」と伝えられる言葉どおり、このとき初めて人類は地球を外から見ることになりました。

このソ連の成功に刺激されたアメリカはアポロ計画を推し進め、一九六八年には三名の搭乗員を乗せたアポロ8号が月のまわりを周回して帰還します。そして一九六九年、アポロ11号がついに月面への着陸に成功。船長のアームストロングとオルドリンの二人は、人類として初めて地球外の天体に足跡を残しました。

言うまでもありませんが、こうした宇宙開発は常に危険と隣り合わせです。たとえばアポロ8号は軌道を外れて太陽系をさまよう恐れもあったために、各国の学者が打ち上げに批判的な声を上げました。アポロ13号は、トム・ハンクス主演の映画でも描かれたとおり、酸素タンクの爆発事故によって深刻な事態を招いています。おそらくかつての大航海時代も、海で命を落とした船乗りは大勢いたに違いありません。人類は、まさに命懸けで「この世界はどうなっているのか」を知ろうとしてきたわけです。

無人探査機が探る地球外生命の可能性

とはいえ、今のところ有人で探索できる天体は、もっとも地球から近い月だけです。しかし人を送り込むことだけが探索ではありません。人類は、無人探査機を飛ばすことで、遠い天体のことを探ろうとしています。

たとえば金星には、一九六〇年代からアメリカの「マリナー」やソ連の「ベネラ」といった探査機が次々と送り込まれました。それによって、金星の大気がほとんど二酸化炭素でできていることや、地表近くの温度が五〇〇度にまで達することなど、多くのことがわかっています。

ちなみに日本のＪＡＸＡ（宇宙航空研究開発機構）も、二〇一〇年五月に「あかつき」という金星探査機を打ち上げました。残念ながら軌道投入に失敗して金星を行きすぎてしまいましたが、ＪＡＸＡでは再び金星に接近する二〇一六年の軌道投入を目指しています。金星には、大気が高速で回る「スーパーローテーション」という現象があり、その謎を解明するのが「あかつき」に与えられたミッションの一つ。ぜひ成功して、大きな成果を出してほしいと願っています。

金星とは反対側の隣人である火星でも、一九七〇年代にアメリカが送り込んだ「バイキング」をはじめとして、これまで多くの探査が行われました。二〇一二年八月に火星表面への着陸に成功して話題になった「キュリオシティ」は、その最新プロジェクトです。ローバーを走り回らせて生命の痕跡を徹底的に探らせるため、ＮＡＳＡ（アメリカ航空宇宙局）はこの火星探査機を、かつて水があったと思われる場所に着陸させました。着陸地点を限定したこともあって、その制御はきわめて困難な作業だったでしょう。

火星には、かつて水が存在した時代が一億年ほどあったと考えられています。これは、生命体を誕生させるのに十分な時間です。地球ではおよそ三八億年前に生命が誕生し、その一億年後には、光合成によって酸素を産生するシアノバクテリアにまで進化を遂げました。ならば火星でも、水が存在した一億年のあいだに、シアノバクテリアぐらいの生命体が作られていても不思議ではありません。

地球生命がどのように誕生したのかは現在でも大いなる謎ですが、生物学者の中には、火星で生まれた生命体が隕石《いんせき》に乗って地球にやって来たと考える人もいます。逆に、地球上から跳ね飛ばされた隕石が火星に私たちの祖先を運んだ可能性もあるでしょう。

キュリオシティの探査は、そんな謎の解明につながるかもしれません。「この世界の全体像を知りたい」と願う私たちにとって、地球外に生命体がいるかどうかは、もっとも好奇心（キュリオシティ）をそそられるテーマの一つです。今後、火星からどのようなデータが地球に送られてくるのか、楽しみに待ちたいと思います。

やがて太陽系外に飛び出すボイジャー

太陽系の中で、地球外生命が存在する可能性があるのは、火星だけではありません。木星の衛星エウロパも候補地の一つです。

エウロパには氷に覆われた海があり、南極のボストーク湖に近い環境だと推測されています。だとすれば、地球の深海生物のような生命体が存在する可能性はあるでしょう。現在、欧州宇宙機関（ＥＳＡ）とアメリカのＮＡＳＡが共同で木星圏探査ミッション（ＥＪＳＭ計画）を進めており、二〇二〇年に探査機を打ち上げる予定になっていますから、こちらも楽しみです。

また、土星の衛星タイタンにも生命体が存在するかもしれません。

この衛星にも、これまでいくつかの探査機が接近しました。一九八〇年代には、アメリカの「ボイジャー」1号と2号が初めて詳細な画像を撮影。二〇〇四年にはアメリカの「カッシーニ」が土星軌道に投入され、ボイジャーが捉えきれなかった分厚い大気の下の地形を撮影しています。

さらにその翌年には、カッシーニから投下された小型探査機「ホイヘンス・プローブ」がタイタン表面に着陸して撮影を開始。メタンと思われる液体で満たされた海や川が存在するらしいことがわかりました。この「メタンの海」に、地球生物とはタイプの異なる生命体が存在するかもしれないと考える生物学者もいるのです。

さて、最初にタイタンを近くから撮影したボイジャーは、その後も長い旅を続けています。一九七七年に打ち上げられた二つのボイジャーは、もともと太陽系の外惑星だけでなく、太陽系外の探査も目指したものでした。

二〇一二年末の時点で、1号は太陽から一八〇億キロメートルの距離まで到達しています。当初はそのあたりが太陽系の果てだと考えられていましたが、磁力線の方向が変わらないため、ＮＡＳＡはそこが「太陽系の内部」だと判断しました。太陽系は想定よりも大きかったわけですが、それがわかったこと自体、この世界を空間的に把握する上で大きな前進といえるでしょう。

そして、このまま順調に進めば、ボイジャーはいずれ人工物として初めて太陽系の外に飛び出すことになる。それもまた大きな飛躍ということになります。

ただし、太陽系外の天体にまでたどり着くのは容易ではありません。

太陽にもっとも近い恒星はケンタウルス座アルファ星ですが、地球からの距離は四光年もあります。光速（秒速三〇万キロメートル）ならたった四年で到達し、その四年後には画像データなどが電波で届くわけですが、ボイジャーの速度は秒速一七キロメートルにすぎません。首尾良くケンタウルス座アルファ星に到達したとしても、それは今から七万年以上後のことです。

もっとも近い恒星でさえそれだけ時間がかかるのですから、広大な宇宙のあちこちに探査機や人間を送り込むことは（少なくとも現在の技術では）できません。この宇宙には、地球から五〇億光年、一〇〇億光年と遠く離れたところにも多くの天体があります。日本の「はやぶさ」は小惑星イトカワから物質を持ち帰ることに成功しましたが、そういった探索が可能なのは、今のところ太陽系の中だけなのです。

天の川銀河の外にも銀河はあった

しかし、機械や人間を行き来させるだけが探索ではありません。それをしなくても、宇宙からは多くの「情報」が地球に届いています。事実、私たちは地球にいながらにして、夜空に輝く星たちを見ることができます。「光」が、遠く離れた天体のことを私たちに教えてくれるわけです。

ちなみに、ここで言う「光」とは、目に見える可視光線のことだけではありません。物理学では、電波、赤外線、紫外線、X線などを含めたあらゆる電磁波のことを「光」と呼びます。ラジオの電波も、可視光線も、レントゲン撮影に使うX線も、すべては光＝電磁波の一種であり、それぞれ波長が異なるだけなのです。

この光によって宇宙を探索する道具が、望遠鏡です。

一六〇九年にガリレオ・ガリレイ（一五六四〜一六四二）が月に望遠鏡を向けて以来、人間はさまざまな望遠鏡を開発し、宇宙に関する多くのことを解明してきました。もちろん、望遠鏡でキャッチする光も可視光線だけではありません。現在では、電波望遠鏡やX線望遠鏡などを駆使することによって、肉眼では見ることのできない物質や現象を「見る」ことができるようになっています。

望遠鏡による観測は、宇宙という「空間」の構造を徐々に明らかにしてきました。その中でも、初期の段階でもっとも重要な研究は、天王星の発見者としても有名な天文学者ウィリアム・ハーシェル（一七三八〜一八二二）によるものでしょう。天の川の構造を研究したハーシェルは、そこに属する星が円盤状に分布することを明らかにし、私たちの太陽系がその「島宇宙」の一部であることを突き止めたのです。

星は宇宙空間に均一に散らばっているのではなく、集団構造を持っている――これは画期的な発見でした。

ただしハーシェルは、集団構造を持つ島宇宙（銀河）がたくさんあるとは考えていませんでした。当初は地球から見える「星雲」が天の川銀河の外にある別の島宇宙だと考えたようですが、最終的には天の川銀河だけが宇宙に存在すると考えたのです。

しかし二〇世紀に入ると、アメリカの天文学者エドウィン・ハッブル（一八八九～一九五三）が、宇宙にはもっと大きな広がりがあることを突き止めました。一九二四年、それまでは天の川銀河の一部だと思われていたアンドロメダ星雲が、天の川銀河の隣にある別の銀河であることを発見したのです。そのためアンドロメダは「星雲」ではなく「銀河」と呼ばれるようになりました。

太陽系のある天の川銀河の直径はおよそ一〇万光年ですが、そこからアンドロメダ銀河まではおよそ二三〇万光年。天の川銀河が直径一センチメートルだとすると、アンドロメダは二三センチ離れたところにあります。その二つの銀河は夫婦のような関係で、お互いのまわりをグルグルと回っている。天の川銀河には小マゼラン雲や大マゼラン雲といった小さな銀河があり、子供のように回っていることもわかりました。また、アンドロメダ銀河もM32、M110という子供銀河を持っています。ハーシェルの発見した「島宇宙＝銀河」は一つではなく、宇宙を構成する基本的な要素としてあちこちにたくさん存在するのです。

宇宙の永遠不変を信じたアインシュタイン

しかし、ハッブルの業績はそれだけではありません。天の川銀河の外にも銀河があることを発見してから五年後の一九二九年には、人類の宇宙観を根底から変えるような大発見を成し遂げます。それは、「宇宙膨張の発見」にほかなりません。

現在では、この宇宙がどんどん膨張していることなど、小中学生でも知っているレベルの常識です。しかし昔は、宇宙が永遠不変の空間だと信じられていました。

ところがハッブルは、宇宙空間に点在する銀河と銀河の距離がどんどん広がっていることを発見します。その速度は、距離に比例していました。

ハッブルが指摘したのはその事実だけでしたが、これは宇宙空間全体が膨張していると考えなければ説明できません。四畳半だと信じていた部屋が、実は六畳、八畳、一二畳……と徐々に広がっていたという話ですから、実に驚くべきことです。

もっとも、ハッブルの発見以前にそれを理論的に予想した研究者もいました。ソ連の宇宙物理学者アレクサンドル・フリードマン（一八八八～一九二五）です。

彼がその計算に使ったのは、一九一六年にアルベルト・アインシュタイン（一八七九～一九五五）が発表した一般相対性理論の方程式でした。

これは「重力場の理論」とも呼ばれるとおり、かつてニュートンが発見した「万有引力」の正体を明らかにした理論です。ニュートンはあらゆる物質にお互いを引きつける力が「ある」とは言ったものの、それがなぜ働くのかは説明していません。アインシュタインは、それを「空間の歪《ゆが》み」で説明しました。

それ以前の物理学では空間を「箱」のように変化しないものだと考えていましたが、一般相対性理論では、それをグニャグニャと変化するゴム製シートのようなものだと考えます。質量のある物体を置くとゴムシートが歪み、そのせいで物体同士が引き寄せ合っているように見える——ごく簡単に言うと、それがアインシュタインの考えた重力の仕組みです。

その方程式を解くと、宇宙が収縮するという結果になることは、アインシュタインもわかっていました。

それというのも、重力は「引力」だけで、磁石のN極同士が反発するような「斥力」がありません。しかも重力は、距離が離れるほど弱くなる（距離の自乗に反比例する）とはいえ、無限に作用します。したがって宇宙空間にある物質（星や銀河など）はお互いに引き合い、空間がどんどん曲がっていくので、長い時間をかければやがて潰れてしまうわけです。

しかしアインシュタインは、自分の方程式から導かれるその結果を受け入れられませんでした。「空間が歪む」などという大胆な発想ができる科学者だったにもかかわらず、宇宙は永遠不変であり、膨張も収縮もしない——という従来の常識を捨てることはできなかったのです。

ハッブルの大発見を予測していたフリードマンの膨張宇宙理論

そこでアインシュタインは自分の方程式に、「宇宙項」と呼ばれる定数を書き加えました。重力による収縮を防ぐために、それを押し返す「斥力」を付け足したのです。

その数値には、何の根拠もありません。「これがあれば宇宙は潰れない」というだけの理由で持ち出した、単なる辻褄《つじつま》合わせの定数です。

たしかに宇宙項を加えれば宇宙は静的に安定しますが、それは実に無理のある考え方でした。

たとえて言うなら、山の頂上に置いたボールを動かないように支えているのが宇宙項です。その状態なら膨張も収縮もしませんが、ちょっとでも揺れればボールが坂道を転げ落ちてしまう。これは、宇宙が収縮したり膨張したりすることを意味しています。そんな危うい安定状態を作り出すような斥力がたまたま宇宙に働いていると考えるのは、ご都合主義と言われても仕方ないでしょう。

それに対して、「そんな無理をしなくても宇宙は潰れない」と考えたのがフリードマンでした。

同じ方程式を解いているのに別の答えが出るのは不思議に思われるかもしれませんが、それは、初期条件が異なるからです。アインシュタインは静的な宇宙を想定していたので、その計算は、いわば手に持ったボールを自由落下させるところから始まります。

ここでは、ボールの落下が「宇宙の収縮」を意味すると思ってください。重力でボールが落ちるのと同じように、宇宙空間も重力によって収縮し続けるのです。

それに対して、フリードマンはボールを上に向かって高く投げ上げるところからアインシュタイン方程式の計算を始めました。重力によって落下するのではなく、重力に逆らって上昇するのですから、これは宇宙の収縮ではなく「膨張」を意味します。

ただし、そこに重力が働いている以上、ボールはいつまでも上昇し続けるわけではありません。徐々にスピードダウンして、やがて落下を始めるでしょう。だとすれば宇宙も、しばらくは膨張を続けた後、収縮に転じることになります。

しかしフリードマンの計算によって出た解は、それ以外にも二つありました。膨張した宇宙の将来は、ボールを投げ上げたときの速度（エネルギー）によって変わります。

初速が十分に大きければ、ボールは重力を振り切って上昇を続けます。それは、地球から宇宙に向かってロケットを打ち上げることを考えればわかるでしょう。地球の重力を振り切ることのできる脱出速度を上回っていれば、ロケットは地球の引力圏から飛び出して、そのまま宇宙空間を等速度で進みます。宇宙も、最初のエネルギーが大きければ、永遠に膨張を続けるわけです。

また、打ち上げた速度が地球からの脱出速度と一致していた場合、ロケットは徐々に減速するものの、落下はしません。永遠に減速を続けながら、しかし止まることはない。これを宇宙に当てはめると、膨張の速度を落としながらも収縮はしないことになります。

フリードマンがこの三つのモデル（膨張後に収縮・等速膨張・減速膨張）を発表したのは、一九二二年のことでした。さらにその五年後には、ベルギーの物理学者ジョルジュ・ルメートル（一八九四〜一九六六）が、「加速膨張」のモデルを発表します。

こちらは、アインシュタインの宇宙項を取り入れた計算でした。ルメートルによれば、宇宙が膨張するにつれて空間内に存在する物質の密度が低下するため、斥力（宇宙項）が重力を上回り、宇宙空間をさらに強く押し広げます。そのため、膨張が加速するのです。

しかしアインシュタインは、フリードマンやルメートルの考え方に批判的でした。宇宙は収縮も膨張もしない静的な空間だと信じていたため、そのために用意した宇宙項を使って「宇宙の加速膨張」というモデルを導出したルメートルを「センスがない」と切って捨てたという話もあります。

ところが一九二九年に、ハッブルの大発見がありました。机上の計算による理論モデルではなく、現実の天体観測によって宇宙の膨張が裏づけられたのですから、さすがのアインシュタインも反論はできません。のちにアインシュタインは、宇宙の膨張や収縮を否定するために付け加えた宇宙項のことを「人生最大の失敗だった」と述べたと言われています。

宇宙は一三七億年前に生まれて膨張を始めた

宇宙の膨張は、「空間的な広がり」を探索することで発見されました。しかし人類はこのときから、宇宙に対して別の興味を抱くことになります。

それは、宇宙の「時間的な広がり」にほかなりません。

宇宙が静的な空間で、その状態が永遠不変なのであれば、そこには「過去」も「未来」もありません。「現在」の状態が維持されるだけです。

しかし空間が膨張しているとなると、話は別。たとえばフリードマンやルメートルが考えたモデルは、宇宙の「未来」に関するものでした。宇宙はこのまま膨張を続けるのか、それとも途中で収縮し始めるのか、あるいは膨張が加速して、いつか引き裂かれるのか。「住人」としては、そのうちどれが正しいのか知らずにいられません。

もっと興味深いのは宇宙の「過去」です。

今の宇宙が時間を追うごとに広がっているなら、時計の針を逆回しにして過去に遡れば、どんどん収縮していきます。やがて、それは一点に収束するに違いありません。つまり、宇宙が膨張しているということは、宇宙に「始まり」があったことを意味しているのです。

一体、それは、いつ、どのように始まったのか。

このうち前者の「いつ」に関しては、その後の天文学の発展によってかなり正確なことがわかってきました。

それを調べるために活躍しているのが、宇宙膨張の発見者の名前を冠したアメリカの「ハッブル宇宙望遠鏡」です。これを使って宇宙の膨張率や宇宙年齢などを探っているのが、「ハッブル宇宙望遠鏡キー・プロジェクト」という観測グループ。そのリーダーである女性研究者ウェンディ・フリードマン（一九五七〜）とは私も旧知の間柄で、最近も二〇一二年に北京《ペキン》で開催された国際天文学連合の総会でお目にかかりました。

そのプロジェクトにおける最大の目的は、「ハッブル定数」をより精密に求めることです。これは宇宙の現時点での膨張率を表す定数で、これが決まれば宇宙の大きさと年齢がわかる。「空間」と「時間」の両方の広がりがわかるのですから、きわめて重要なパラメータだといえるでしょう。

膨張速度は距離に比例するので、離れた銀河同士ほど速い速度で遠ざかります。その比例関係を決めるのがハッブル定数です。

ハッブル宇宙望遠鏡の観測結果から、ウェンディ・フリードマンたちのグループは一九九八年に、それを秒速七二キロメートル／Mpcと算出しました。「Mpc（メガパーセク）」とは宇宙における距離の単位で、一メガパーセクはおよそ三二六万光年。つまり、銀河同士の距離が三二六万光年離れるごとに、お互いに遠ざかる速度が秒速七二キロメートルずつ大きくなるということです。

その後、このハッブル定数はより精度が高められており、それによって宇宙の年齢もかなり正確にわかってきました。一三七億年前に生まれたと考えられていた宇宙は、さらに「宇宙マイクロ波背景放射（ＣＭＢ）」と呼ばれる、宇宙が誕生して間もない頃に放たれた光を観測する天文衛星「プランク」のデータも加わって、現在では、およそ一三八億年前に生まれたとも言われています。

ガモフの「ビッグバン理論」

では、その一三七億年前に何が起きたのか。宇宙はどのように始まったのでしょう。

この謎に関して一九四六年に発表された仮説が、ロシア生まれのアメリカ人物理学者ジョージ・ガモフ（一九〇四〜六八）の「ビッグバン理論」でした。宇宙は超高温・超高密度の「火の玉」として生まれ、それが現在の大きさまで膨張したという考え方です。

ちなみに「ビッグバン」という言葉は、ガモフの論敵だったイギリスの天文学者フレッド・ホイル（一九一五〜二〇〇一）が、ラジオ番組で「ガモフらは宇宙が大きな爆発（big bang）で始まったと言っている」と、その理論を揶揄《やゆ》するために使ったものでした。それを後にガモフが気に入り、自分の理論をそう呼ぶようになったのです。

しかし理論が発表された当初、それは「αβγ理論」と呼ばれていました。何やら数式の一部のように見えますが、これはそういうものではありません。

ホイルが「ガモフら」と複数形で語ったことからもわかるように、この論文はガモフを含めた三名による共同執筆でした。その三人が、ラルフ・アルファー（一九二一〜二〇〇七）、ハンス・ベーテ（一九〇六〜二〇〇五）、ガモフという名前だったので、「アルファ、ベータ、ガンマ」という語呂合わせで呼ばれたのです。

何となくできすぎのように思えるのも、無理はありません。

ガモフは、実にジョークの好きな人でした。その論文も四月一日（エイプリルフール）に発表したくらいですから、この語呂合わせも彼が仕組んだもの。もともとはガモフとアルファーの二人だけで研究していましたが、「αβγ」にするために、親友のベーテの名前を勝手に執筆者に加えたのです（もっとも、ベーテは後から詳しい再計算などを行って、きちんと共同研究者としての仕事をしました)。

いささか話は逸《そ》れますが、このハンス・ベーテは私にとって思い出深い人物です。

実は私が京都大学の修士二年のとき、初めての論文を共同名義で書かせていただいたのが、ベーテでした。星の内部で起きる核融合反応に関する研究でノーベル物理学賞(一九六七年)を受賞したほどの研究者ですから、ふつうなら修士課程の大学院生が共同研究などできるはずがありません。

そんなことができたのは、ベーテが湯川秀樹(一九〇七~八一)博士の招きで京都大学の基礎物理学研究所(通称・湯川研究所)に半年間ほど滞在していたからです。そのあいだに、私はベーテと二人で「中性子星物質における原子核」という論文を書きました。

まだまだヒヨコのような若い研究者にとって、こんなに幸運なことはありません。なにしろノーベル賞受賞者との共同研究ですから、研究会でも口頭での発表に多くの時間を割いてもらえました。

星や銀河の材料はビッグバンだけでは生まれない

話をビッグバンに戻しましょう。そもそもガモフたちの「$\alpha\beta\gamma$理論」は、宇宙の起源というより、「元素」の起源を明らかにしようとするものでした。

自然界には、さまざまな種類の元素があります。宇宙に存在する原子でいちばん多いのは原子番号1番の水素で、原子全体の約九二・四%。次に多いのは原子番号2番のヘリウムで、これは原子全体の約七・五%を占めています。それ以外のリチウム、ベリリウム、ホウ素、炭素、窒素、酸素……といった元素は、すべて合わせても原子全体の〇・一%程度しかありません。

では、これらの元素は、いつ、どのようにしてできたのでしょう。

星の内部では、太陽がそうであるように核融合反応によって水素からヘリウムが作られていますが、それだけでは宇宙に大量の水素やヘリウムが存在することが説明できません。そこでガモフたちは、宇宙空間に星が誕生するよりも前に元素が作られたと考えました。生まれて間もない初期段階の宇宙が高温・高密度の「火の玉」だったとすれば、核融合反応が起きやすい状態だったでしょう。

そこでガモフらは、水素からヘリウム、ヘリウムからリチウム、リチウムからベリリウム……といった具合に次々と重い元素が作られたのではないかと考えました。――そうやって、宇宙誕生からほんの数分間のうちに大部分の元素が生まれたというのが、ガモフたちの理論です。

しかしこの仮説には、いくつかの問題点がありました。それを指摘したのは、私の恩師でもある京都大学の林忠四郎（一九二〇～二〇一〇）先生です。

まず「αβγ理論」は、宇宙の初期段階に中性子が大量に存在したという前提で計算をしていました。中性子は陽子と一緒に原子核を構成する粒子で、陽子がプラスの電荷を持っているのに対して、中性子はその名のとおり電気的に中性です。そのため、陽子と陽子は電気的に反発しますが、中性子は簡単に陽子とくっついて原子核を作ることができる。したがって、大量に中性子があると仮定した場合、元素合成はどんどん進むと考えられるわけです。

しかしその論文では、宇宙初期に存在した中性子の量に関して、明確な根拠がありませんでした。合成される元素の量を計算するなら、その「材料」である陽子や中性子の量をきちんと理論的に計算する必要があります。

林先生はそれを指摘しただけでなく、自ら宇宙初期の陽子や中性子の量を割り出し、そこからどれくらいの元素が合成されるかを計算しました。

それによると、宇宙初期の「火の玉」から生まれるヘリウムは現在の四割程度。だとすれば、ビッグバンだけでは現在の宇宙に存在する元素を作ることができません。

しかも、林先生がこの計算を行った当時は、中性子の寿命が三〇分程度と考えられていましたが、今は一〇分程度で崩壊することがわかっています。それで計算をし直すと、宇宙初期に合成されるヘリウムは現在のおよそ二五％にすぎません。

また、ヘリウムよりも重い元素はもっと合成が難しくなります。ヘリウムの原子核は陽子二個と中性子二個ですから、質量数（核子の数）は四。そこに一つ加えると質量数が五の原子核になりますが、これは不安定なので存在できません。五個の核子をくっつけても、すぐに壊れて四個に戻ってしまうのです。

ただし、「五個の壁」があっても、六個以上の核子を持つ元素が作れないわけではありません。一個の陽子と二個の中性子からなる三重水素とヘリウムが融合するとベリリウムになり、それがベータ崩壊という現象によってリチウム7という元素になります。これは宇宙初期にも合成された可能性があることが、後の研究でわかりました。

しかし、元素合成の「壁」はそこだけではありません。核子八個の場合も、安定な原子核はないのです。

そのため、八個を超える元素を宇宙初期の「火の玉」で合成するのは難しい。現在の研究では、重い元素は星の内部で起こる核融合反応で生まれたと考えられています。

ビッグバンでは水素とヘリウムが生まれ、それが星の「材料」になりました。その星の内部で水素からヘリウム、ヘリウムから炭素や酸素が作られる……といった具合に重い元素が合成されます。そして、星が寿命を迎えると超新星爆発を起こして、それらの元素を宇宙空間にばらまく。これが再び重力で集まり、新しい星の「材料」となるのです。

宇宙マイクロ波背景放射はビッグバンの「化石」

そんなわけで、ガモフたちの「$\alpha\beta\gamma$理論」は全面的に正しかったわけではありません。ビッグバンですべての元素が合成されたという仮説は間違っていました。

しかし、だからといってビッグバン自体が否定されたわけでもありません。

アルファとロバート・ハーマン（一九一四〜九七）、また後にガモフは、ビッグバンの証拠が現在の宇宙にも残っていることを予言しました。その証拠とは「光」です。

物体は温度が高いほど波長の短い光（電磁波）を発するので、もし初期宇宙が超高温の「火の玉」だったのであれば、その空間は波長の短い電磁波で満たされていたでしょう。電磁波の波長は空間が二倍になれば二倍、四倍になれば四倍に引き伸ばされますから、ビッグバンで生まれた電磁波も宇宙が膨張するにつれて波長が長くなります。

ガモフたちは、それが現在は波長の長いマイクロ波となって、宇宙全体を満たしているはずだと予想しました。これを先述したように「宇宙マイクロ波背景放射」と呼びます。

そして一九六四年、アメリカのベル研究所で衛星通信の開発研究をしていたアーノ・ペンジアス（一九三三〜）とロバート・ウィルソン（一九三六〜）が、宇宙のあらゆる方向から飛んでくるマイクロ波を見つけました。

当初、二人はそれが何であるか気づかず、ノイズとしか思いませんでした。ところが、連絡を受けたCMBの研究グループが検証してみると、このマイクロ波の波長はガモフたちの予測した数値と一致していたのです。

この大発見によって、宇宙が「火の玉」から始まったことが裏づけられました。一三七億年という時間をかけて地球に届くCMBは、いわば「ビッグバンの化石」のようなものなのです。

ただし、その光（電波）によって「見える」のは、宇宙誕生の瞬間ではありません。宇宙が始まって「火の玉」になったとき、そこで生じた光はまっすぐに飛ぶことができませんでした。というのも、超高温の高エネルギー空間では粒子の運動が活発なので、陽子（水素の原子核）が電子を捕まえることができません。これを「プラズマ（電離）」状態といいます。

光は自由に動いている電子にぶつかると散乱してしまうため、プラズマ状態の空間ではまっすぐに進めません。いわば「電子の雲」に閉じ込められた状態になるのです。

しかし「火の玉」が膨張するにしたがって、空間のエネルギー密度が下がるため、やがて電子は陽子に捕まって水素原子になります。自由に動き回る電子がいなくなると、光はそれに邪魔されることなく直進できる。そうなるまでに、三八万年ほどかかりました。「電子の雲」が消えて光がまっすぐ進めるようになったので、これを「宇宙の晴れ上がり」

と呼びます。

光はそのときから宇宙空間をまっすぐに飛び、一三七億年かけて現在の地球に届きました。それがCMBにほかなりません。つまり私たちはCMBをキャッチすることで、誕生から三八万年後の宇宙を見ていることになるわけです。

銀河には蜂の巣のような大構造がある

それ以前の宇宙には水素原子が存在しなかったのですから、当然、星や銀河のような構造物はありません。しかし陽子が電子を捕まえて水素ができると、それまではガスとして漂っていた物質が固まり、星が作られるようになります。

とはいえ、そうなるためには、ガス状に広がった粒子の分布に何らかの濃淡（ムラ）がなければいけません。

ガスが均一に広がっていたのでは、お互いの重力が釣り合ってしまうので、固まりはできないでしょう。物質の密度が濃い部分が強い重力で周囲の物質を引き寄せ、それがやがて星になるのです。

だとすれば、宇宙空間には生まれた瞬間から何らかのデコボコがあったに違いありません。もし宇宙がデコボコのない均質な空間として生まれていたら、星や銀河は作られず、私たち人間も生まれていないのです。

実は、そのデコボコがビッグバン以前に仕込まれていたことを理論的に指摘したのが、私とアメリカのアラン・グース（一九四七〜）が三〇年ほど前に発表した「インフレーション理論」でした。詳しくは後ほど説明しますが、その理論が正しければ、ビッグバン以前に生じたデコボコはCMBにも反映されます。晴れ上がった宇宙から放たれた光の分布は均一ではなく、ほんのわずかなムラがあるはずなのです。

一九六四年にペンジアスとウィルソンがCMBを発見した当時は、まだ観測精度が低かったため、マイクロ波の分布にムラがあることまではわかりませんでした。宇宙の全方向から同じ強さのマイクロ波が届いているようにしか見えなかったのです。

しかし一九八九年にNASAが打ち上げた人工衛星「COBE（宇宙背景放射探査機）」がCMBを精密に測定したところ、その強さにおよそ一〇万分の一程度のムラがあることがわかりました。これは理論的な予測値と一致しており、宇宙は均質な空間ではなく、最

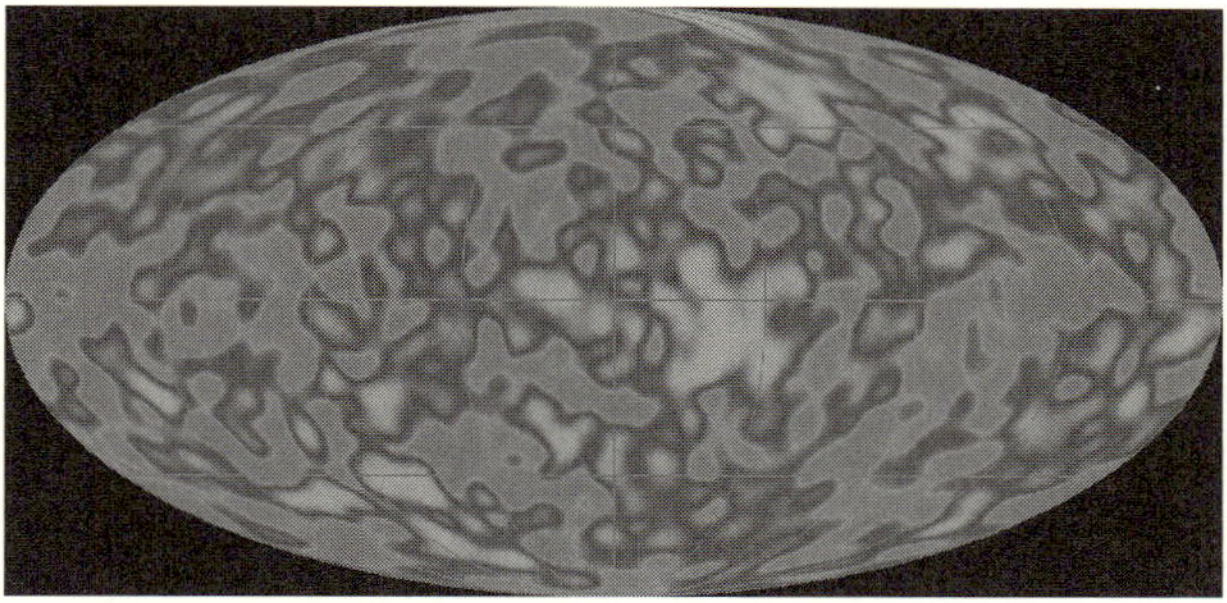

衛星「COBE」によるCMBの全天マップ（提供／NASA）

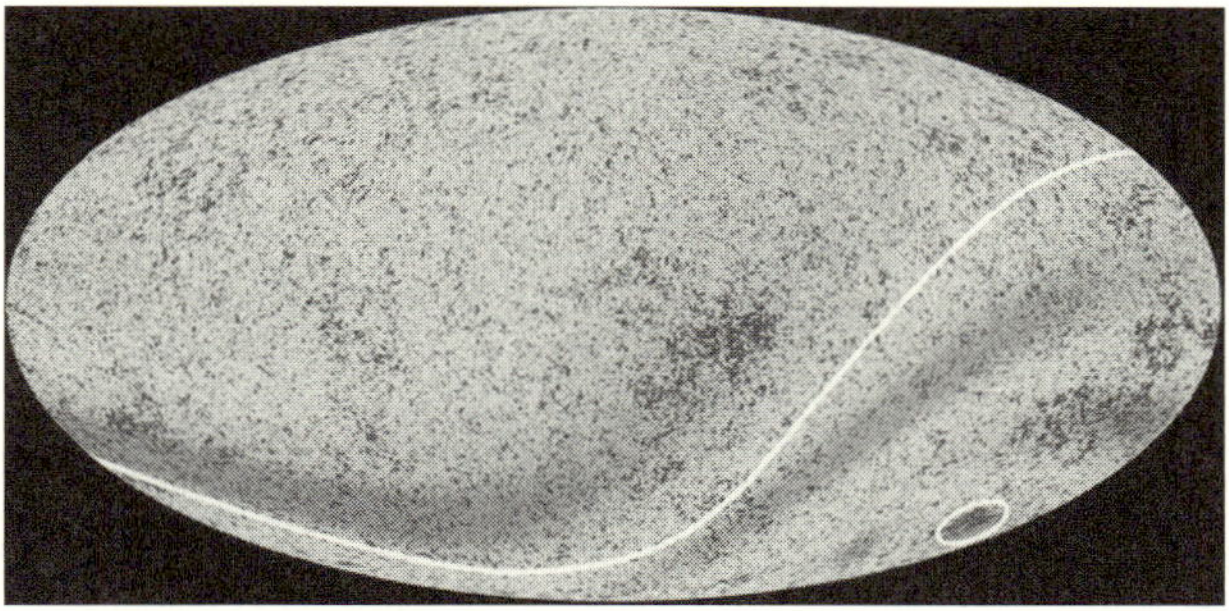

衛星「プランク」によるCMBの全天マップ
（提供／ESA and the Planck Collaboration）

初から物質分布に濃淡の差があったことが証明されたのです。

この濃淡差が、いわば「星のタネ」になりました。今は、ＣＯＢＥが突き止めたＣＭＢのムラに関するデータを元に、そこからどのように星や銀河が形成されたのかをコンピュータでシミュレーションできるようになっています。

その分野の第一人者である東京大学の吉田直紀（一九七三〜）教授は、物質の濃い部分にガスが集まって最初の星を作り、その星が集まって銀河を形成していくプロセスを見事に再現しました。その研究によれば、この宇宙に存在する銀河は、「蜂の巣構造」になります。

これは、望遠鏡による天文学的な観測結果とも一致するものでした。自分たちの住む世界を「地球は丸い」から知り始めた私たち人類は、そこまで大きな空間を把握できるようになったのです。

今後はますます望遠鏡による観測技術が発達し、これまで見えなかった遠い星や銀河が見えるようになるでしょう。宇宙では距離が遠いほど「過去」を見ていることになります（たとえば一万光年離れた星から届く光は一万年前に放たれたものです）から、これは宇宙の「空間」と「時間」の両方を把握するのに役立ちます。

その距離はどんどん記録が更新されており、たとえば日本の誇る「すばる望遠鏡」は、二〇一二年五月に地球から一二九億光年離れた銀河を発見しました。一二九億年前、宇宙が現在の八分の一程度の大きさだった頃の銀河を見たわけです。このまま研究が順調に進めば、いずれ宇宙で最初に生まれた銀河も見えることでしょう。

そうやって宇宙の謎を解明してきた科学や技術の進歩は実にすばらしいものです。物理学の理論と実験を積み重ねながら、人類は宇宙の成り立ちをかなり詳しいところまで明らかにしました。

しかし科学の世界では、一つの謎が解けると同時に、次の新しい謎が出現します。観測技術の発達によって今まで見えなかったものが見えてくると、今まで見えなかった謎も見えてくるのです。

事実、宇宙の研究者はこの十数年のあいだに、いくつもの難題を抱え込むことになりました。宇宙には、まだわかっていないことがたくさんあります。次章では、それについてお話しすることにしましょう。

第二章　まだ解明されない宇宙の謎

宇宙のエネルギーの九六%は正体不明

一三七億年前に起きた「宇宙の誕生」は、当然ながら「物質の誕生」でもありました。前章で述べたとおり、ビッグバンの三八万年後あたりから水素やヘリウムなどの原子が合成され、それが集まって星になったのです。

その星の内部では、核融合反応によって、さらに重い元素が作られました。そうやって炭素や酸素などが生まれなければ、地球上の生命体も生まれません。星や水や空気や人体など、私たちの知っている物質は、すべて原子からできているのです。

物質の根源を探る素粒子物理学の分野では、その原子に原子核と電子という内部構造があり、原子核が陽子と中性子でできていることを突き止め、さらに陽子や中性子はクォークという素粒子が集まって作られていることを明らかにしました。宇宙の仕組みだけでなく、物質の仕組みについても、人類はかなり深いところまで理解できたのです。

しかし、宇宙に存在する物質の正体がすべてわかったわけではありません。

それどころか、私たちの知っている物質（つまり原子からできている物質）は、宇宙に存在する物質のほんの一部にすぎないことが、わかってきました。宇宙に存在する原子全体のおよそ五倍もの謎の物質があるのです。正体が不明なので、これは「暗黒物質（ダークマター）」と呼ばれるようになりました。

それだけではありません。その質量をエネルギーに換算した場合、原子でできている通常の物質と暗黒物質を合わせても、宇宙全体のエネルギーの二七％にしかならないこともわかりました。

ちなみに、質量とエネルギーが基本的に同じものであることを明らかにしたのは、アインシュタインです。あの天才物理学者が発見した「$E=mc^2$」という式を見たことのある人は多いでしょう。

これは、エネルギー（E）が質量（m）と光速（c）の自乗に等しいことを意味しています。つまり、物質の質量はエネルギーに置き換えることができる。光速は秒速三〇万キロメートルという大きな数字ですから、ほんのわずかな質量でも莫大《ばくだい》なエネルギーを秘めていることになります。たとえば一グラムの一円玉をすべてエネルギーに変換することができたとしたら、それだけで標準家庭八万世帯の一ヶ月分の消費電力を賄えるほどです。

ですから、宇宙にあるすべての物質をエネルギーに換算した場合、それは途方もなく大きな値になるでしょう。そのエネルギーが、実は宇宙全体の三割にも満たないというのですから驚きです。そして、残る七三％の「暗黒エネルギー（ダークエネルギー）」も正体はわかりません（ただし先述した「プランク」の観測結果によって、暗黒エネルギーの割合は六八％に微減し、暗黒物質の割合が増加すると言われています）。

暗黒物質と暗黒エネルギーという二つの謎は、宇宙のエネルギーの九六％を占めています。つまり私たちは、ある意味で、まだ宇宙の正体を四％しか理解していないわけです。

暗黒物質とは何か

では、この大きな二つの謎はどのように発見されたのでしょうか。まずは暗黒物質からお話ししましょう。

この問題は、当初、「銀河の質量不足」として認識されました。それ自体は、最近の話ではありません。スイスの天文学者フリッツ・ツビッキー（一八九八～一九七四）が最初にそれを突き止めたのは、一九三三年のことです。

ツビッキーは、かみのけ座にある銀河団（多くの銀河が密集している領域）の総質量を二種類の方法で計算しました。一つは、銀河団が発する光の量から算出する方法。光の量は、物質の質量によって変わるので、この計算が可能になります。

次にツビッキーは、銀河団の動きから質量を計算しました。銀河団に含まれる銀河が動く速度は全体の重力によって決まるので、それがわかれば全体の質量もわかるわけです。同じ銀河団の質量ですから、光の量から計算しても、速度から計算しても、ほぼ同じ答えになるはずでしょう。

ところが両者のあいだには、なんと四〇〇倍もの差がありました。光の量から計算した質量より、速度から計算した質量のほうが、圧倒的に大きかったのです。

観測の精度が今よりも低かった時代の話とはいえ、これだけ違うと、誤差のレベルではありません。銀河団の中に、「光を発しない質量源」が大量に存在するとしか考えられないのです。

この「隠された質量（Hidden mass）」の問題は、大きな謎ではありましたが、あまりにも検証が難しいため、しばらくは本格的に研究されませんでした。次にこれが注目されたのは、一九七〇年代に入ってからです。

その時代には観測技術が高まり、多くの銀河の回転速度が測れるようになっていました。そこでお隣のアンドロメダ銀河や、多くの銀河の回転速度を調べたのが、アメリカの女性天文学者ヴェラ・ルービン（一九二八〜）です。彼女は、銀河の回転速度が中心に近い部分も外側もほぼ同じであることを発見しました。

重力の性質を考えると、これは実におかしな話です。

重力の影響は距離の自乗に反比例する（つまり離れるほど弱くなる）ので、たとえば太陽系では、水星や金星など太陽に近い惑星のほうが、天王星や海王星のように太陽から遠い惑星よりも速い速度で回転します。銀河も、中心には強い重力を持つブラックホールがあり、その近くほど星が多いので、中心から遠ざかるほど重力が弱くなるはず。したがって回転速度も遅くなるはずなのに、ルービンが調べてみると、外側も中心部と同じ速度で動いていたのです。

これは、星やブラックホールとは別の重力源が、銀河の中心部から離れれば離れるほど多く存在しているとしか考えられません。やはり「隠された質量」を持つ謎の物質がある

重力レンズ効果

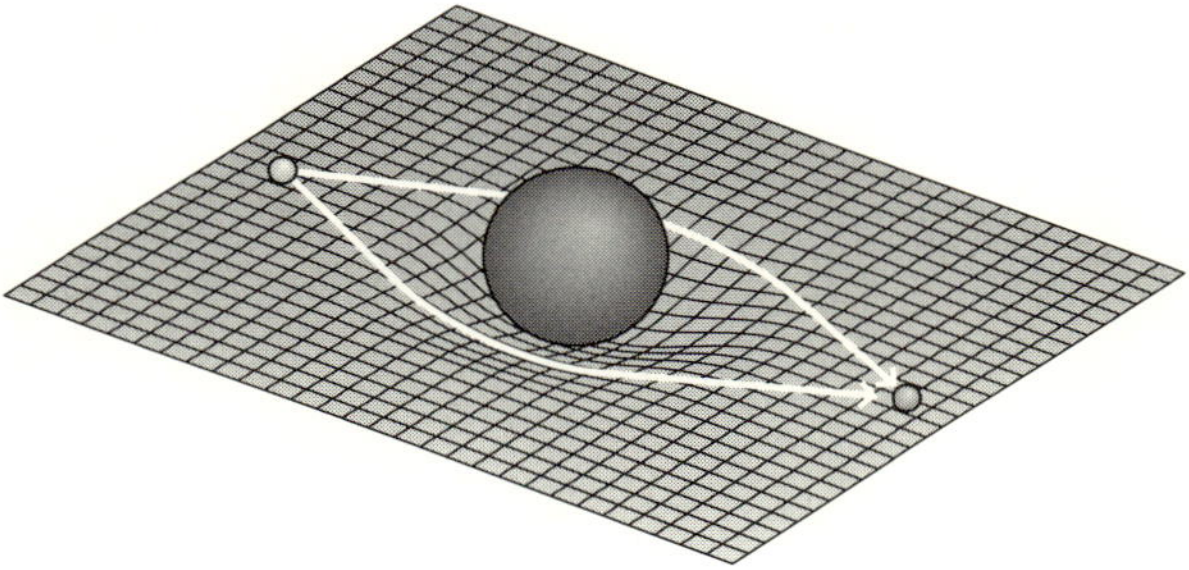

のです。しかもその量は、銀河に含まれる星の一〇倍以上になります。

人類が存在するのも暗黒物質のおかげ

そういう物質の存在は、「重力レンズ」という現象からも裏づけられました。これは、アインシュタインの一般相対性理論から予測された現象です。

アインシュタインはその理論で、重力源の近くでは空間が曲がるため、そこを通る光も曲がることを予言しました。これは、観測でもたしかめられています。天空で太陽に近い位置にある星を皆既日食時に観測したところ、その光は本来あるはずの位置とはややズレた方向から届きました。太陽の重力によって、光が曲がったのです。

それと同じことが、目に見える重力源のない空間でも起こることがわかりました。ある領域の背後にある銀河の光が、地球からは複数に分かれて見える。分かれた光が同じ銀河のものだと断定できるのは、それぞれの銀河が含む元素によって光の成分が異なるからです。これが、見えない重力源によって光が曲がる「重力レンズ効果」にほかなりません。その重力源が「暗黒物質」です。

宇宙のあちこちで観測される重力レンズを使うことで、暗黒物質の分布はかなりわかってきました。それを調べているのは、ハッブル望遠鏡やすばる望遠鏡など、世界の望遠鏡が共同で進めている「COSMOSプロジェクト」です。日本からは愛媛大学の谷口義明（一九五四〜）教授のグループが参加しています。それによって、数十億光年のスケールにわたって暗黒物質がどのように分布しているのかが、まるでCTスキャンで断層写真を撮ったように見えるようになりました。

ちなみに、前章で紹介した吉田直紀教授のコンピュータ・シミュレーションも、主役はこの暗黒物質です。

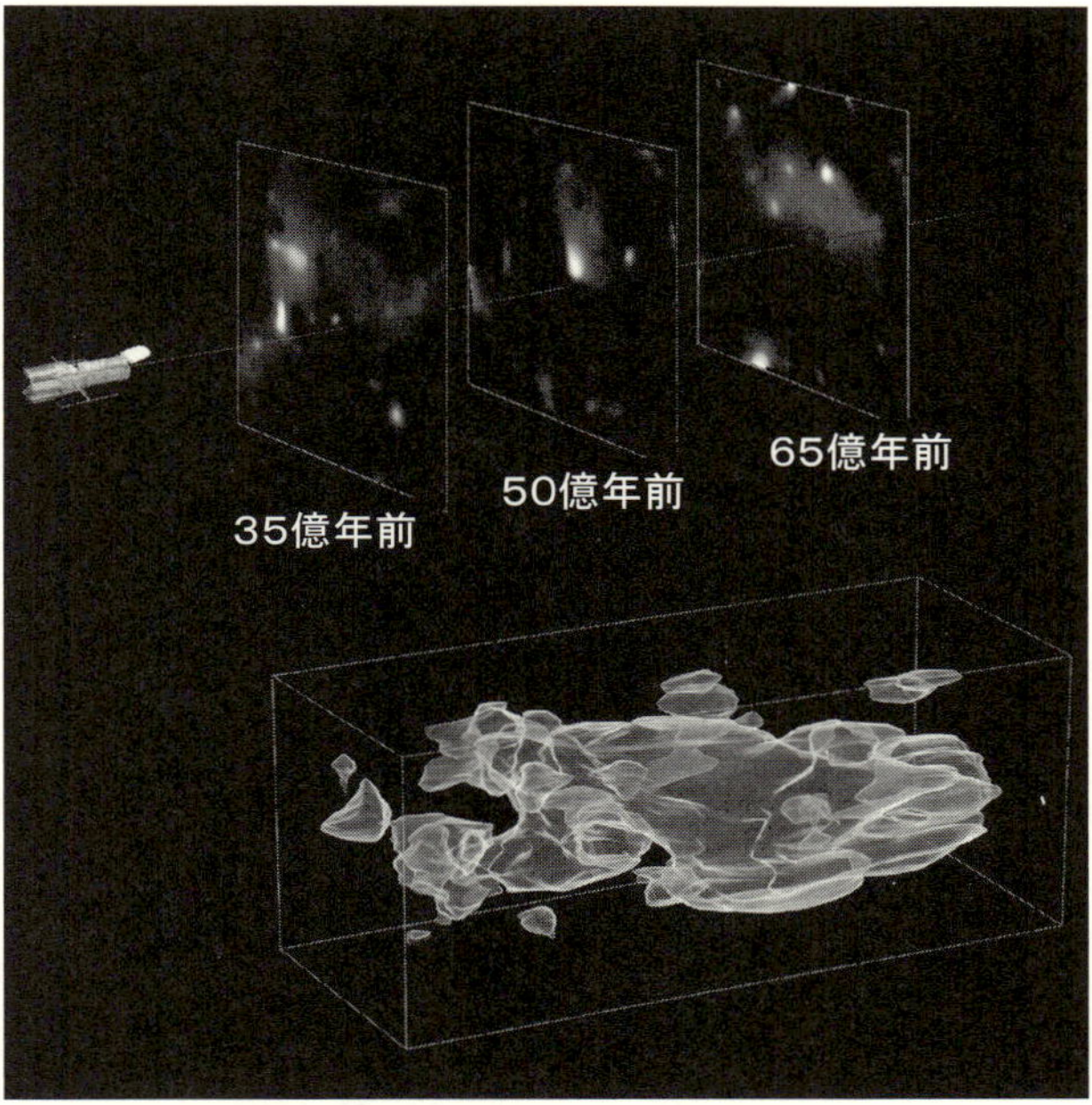

暗黒物質の三次元分布（提供／NASA, ESA and R. Massey）

宇宙初期にガスが重力で集まり、星や銀河を形成する様子を再現するのですから、大量に存在する「見えない重力源」が重要な役割を果たすのは当然でしょう。吉田教授のシミュレーションは、「宇宙初期に暗黒物質がどのように集まるのか」を調べるものだったと言っても過言ではありません。それがわかれば、水素やヘリウムなどの元素がどのような濃淡を作るかもわかるのです。

その重力に引き寄せられてガスが星になったのですから、暗黒物質は宇宙の構造を作る大きな鍵《かぎ》を握る存在にほかなりません。

もし暗黒物質の重力がなければ、宇宙誕生から一三七億年経《た》った現在でも、まだ星や銀河は生まれていませんでした。通常の物質の重力だけでは、星になるまでもっと時間がかかってしまうのです。その意味で、こうして私たち人類が存在するのも、暗黒物質のおかげと言ってよいでしょう。

しかし、その正体はまだわかっていません。

一時はニュートリノという素粒子がその候補として注目されましたが、それだけでは暗黒物質の質量にまったく足りないことが判明しました。光を発しない「見えない星」がたくさんあるのではないかという仮説もあり、そういう天体もいくつか見つかりはしたものの、暗黒物質ほど大量には存在しません。

そのため現在は、未知の素粒子が存在するという想定の下、世界各国でその探索が進められています。日本の「XMASS実験」もその一つ。岐阜県神岡鉱山の地下一〇〇〇メートルに設置された実験装置で、宇宙からやって来る暗黒物質を捕まえようとしています。

また、二〇一二年にヒッグス粒子を発見したことで有名なＣＥＲＮ（欧州原子核研究機構）の大型加速器ＬＨＣで、暗黒物質の候補の仲間である「超対称性粒子」が検出される可能性もあるでしょう。その正体がわかれば、「隠れた質量」の問題が解決すると同時に、「自然界の根源」を探る素粒子物理学の分野も大きく前進するはずです。

宇宙を「加速膨張」させるダークエネルギー

さて、次にダークエネルギーのことをお話ししましょう。これは、宇宙の膨張速度に深く関わる問題です。

少し前まで、宇宙は「減速」しながら膨張すると考えられていました。減速しながらも永遠に膨張するか、やがて膨張が止まって収縮に向かうかのどちらかだろうと思われていたのです。

ところが一九九八年に、アメリカとオーストラリアの二つの研究グループが、その予想に反する事実をそれぞれ発見しました。遠方にある銀河の超新星爆発を観測したところ、近くにある銀河よりもはるかに遅い速度で遠ざかっていることがわかったのです。宇宙の観測は「遠い」ほど「昔」ですから、これは現在より過去のほうが膨張速度が遅かったことを意味しています。

こうして、それまでは減速膨張していた宇宙が、六〇億年ほど前から「加速膨張」していることがわかりました。この業績によって、ソール・パールマター（一九五九～）、ブライアン・シュミット（一九六七～）、アダム・リース（一九六九～）の三名に、それぞれ二〇一一年のノーベル物理学賞が授与されています。

投げ上げたボールのことを考えれば、これが不思議な現象であることはわかるでしょう。減速しながら上に向かったボールが、途中から加速することはありません。もし加速するとしたら、「隠れたエネルギー」がボールを下から押しているとしか考えられない。宇宙の場合も、加速膨張しているなら、そのためのエネルギーが必要です。それが、ダークエネルギーにほかなりません。

もっともこの発見は、きわめて重大なものであることはたしかですが、私たち理論物理学者にとっては決して意外なものではありませんでした。むしろ、待ち望んでいた発見と言っていいでしょう。「ダークエネルギー」という言葉こそなかったものの、このようなエネルギーが宇宙に存在することは以前から理論的に予想されていたからです。

前章で、アインシュタインの方程式からルメートルが「加速膨張」のモデルを発表したことを紹介しました。「宇宙項」を取り入れて計算すると、そのような解が出るわけです。なにしろ宇宙項はアインシュタインの「人生最大の失敗」ですから、その計算にも意味はないと思われるでしょう。

しかし、理論的に存在が予想されたエネルギーは、その宇宙項と似たような働きをするものでした。宇宙の膨張を減速させる重力（引力）とは逆に、空間を押し広げる「斥力」として働くエネルギー。それは「真空のエネルギー」と呼ばれるものです。

真空にも「エネルギー」はある

詳しくは第四章でお話ししますが、私とアラン・グースの二人は、一九八一年、それぞれ独立に「インフレーション理論」を発表しました。「真空のエネルギー」は、この理論にも大きく関わっています。

「インフレーション」という名称はグースによるもので、私自身は当初それを宇宙の「指数関数的膨張モデル」と呼びました。「指数関数的膨張」とは、簡単に言えば、宇宙が「倍々ゲーム」で膨張することです。

そのような急速な膨張が、宇宙誕生直後（ビッグバンの前）のごく短い時間で起きた——それが、私とグースの主張です。

そこで理論的に予想される急速膨張は、10^{-35}〜10^{-34}秒というわずかな時間に、体積が10^{43}倍も膨れあがるという凄《すさ》まじい現象でした。一ナノメートル（一〇億分の一メートル）が一〇〇億光年まで広がるのと同じ倍率ですから、その激しさは、ビッグバン以降の宇宙膨張とは比較になりません。

そんな急速膨張を起こす原動力となったのが「真空のエネルギー」です。

アインシュタインの「$E=mc^2$」はエネルギーが質量と同じであることを示したものですから、そこにエネルギーがあれば「質量がある」のと同じことになります。ならば、エネルギーが存在する空間は「真空」とはいえないというのが、常識的な考え方でしょう。物理学の世界でも、かつては真空を「何もないからっぽの空間」だと考えていました。

しかし二〇世紀に入ると、その常識を量子力学が覆します。本書では詳しく説明する余裕がありませんが、ミクロの世界を取り扱う量子力学は、マクロの世界を扱ってきたニュートン以来の古典物理学ではわからなかった現象を次々と明らかにしました。

たとえば、「不確定性原理」もその一つ。電子のような素粒子の「位置」と「速度」は同時に決めることができず、「時間」と「エネルギー」も同時には決められないという原理です。そのため、粒子の「位置」をはっきり決めれば「速度」にゆらぎが生まれ、「時間」をはっきり決めれば「エネルギー」にゆらぎができるという、不思議なことが起こります。

物事がはっきりと決められないため、量子力学では「何もないからっぽの真空」もありません。そこには必ずエネルギーのゆらぎが存在し、粒子が生まれたり消えたりをくり返している。エネルギーが完全にゼロの状態はないので、現代物理学では「エネルギーが最低の状態」のことを「真空」と呼ぶのです。

インフレーションを起こす「真空の相転移」とは何か

真空のエネルギーの存在は、実験でも確認されました。

その実験を一九四八年に考案したのは、オランダのヘンドリック・カシミール（一九〇九〜二〇〇〇）とダーク・ポルダー（一九一九〜二〇〇一）という二人の物理学者です。彼らは、二枚の無帯電状態の金属板を真空中にごく小さい距離で平行に並べると、そのあいだに吸引力が働くことを予言しました。これを「カシミール効果」といいます。

そこに吸引力が生じるのは、二枚の金属板の内側と外側とで、真空のゆらぎの波長が異なるからです。外側は無限に広がる空間なので、内側の狭い空間よりもゆらぎが大きく、したがって真空のエネルギーも大きい。内側はゆらぎの波長が制約されるためエネルギー密度が下がり、そのため外側から押されるようにして、二枚の金属板が近づくのです。

もっとも、この実験は技術的にきわめて難しいので、なかなかカシミール効果は確認されませんでした。しかし一九九七年、アメリカのロスアラモス研究所で、S・K・ラモローらのグループが、実際にその効果が生じることを確認しました。エネルギーの絶対値を測定することはできませんが、内側と外側とでエネルギーの差があることは間違いありません。差がある以上、真空のエネルギーは「ある」といえるわけです。

この発見は、真空のエネルギーの存在を前提にしたインフレーション理論にとっても、朗報でした。それが存在しなければ、指数関数的膨張も起こりません。

ここで簡単に、インフレーションからビッグバンまでの流れを説明しておきましょう。インフレーション理論では、宇宙初期に「真空の相転移」が起きたと考えます。相転移とは、たとえば水蒸気が水になったり、水が氷になったりするように、温度などの変化によって物質が異なった状態になることです。

真空が「何もないからっぽの状態」であれば相転移は起きませんが、そこにはエネルギーがあるので、異なった状態になることは可能です。

では、真空が相転移を起こすと、どうなるか。私は、宇宙初期にそれが起きたという前提で、アインシュタインの一般相対性理論の方程式を解きました。すると、真空のエネルギーが斥力として空間を押し広げる働きをすることがわかったのです。これが、倍々ゲームで宇宙を膨張させる原動力にほかなりません。

また、水から氷への相転移が起きた場合、エネルギーが高い状態から低い状態になるため、その落差によって「潜熱」が生じます。それと同様、真空の相転移による指数関数的膨張が終わると、膨大なエネルギーが放出される。それが熱エネルギーとなって「火の玉」を生み出し、ビッグバンを起こすのです。

理論値より一二四桁も少ないダークエネルギー

さて、宇宙の「真空のエネルギー」は、すべてビッグバンを起こすために使われたのでしょうか。

私は、以前からそうは考えていませんでした。アインシュタインの宇宙項のような、空間を押し広げる斥力が存在しないと説明できないことがいくつもあったからです。

その一つが、宇宙年齢の問題でした。前述したとおり、誕生から現在までの宇宙年齢は、膨張率を決めるハッブル定数から計算します。

しかし、たとえば一九九四年に東京で開催した国際会議「宇宙定数と宇宙の進化」では、ハッブル定数から算出した宇宙年齢が、当時わかっていた最高齢の星よりも若くなってしまうことが指摘されました。宇宙が生まれてから星が生まれるのですから、そんなバカなことはあり得ません。

でも、そこにアインシュタインの宇宙項のような斥力があると考えると、宇宙年齢が星よりも長くなります。そんなこともあって、インフレーションを起こした真空のエネルギーがビッグバン後の宇宙にもわずかに残っているのではないかと考えられるようになったのです。私自身、インフレーション終了後の真空のエネルギーが一定の量を保ったまま残っているのか、少しずつ減少しながら残っているのかといったことを理論的に研究していました。

その数年後に発見されたのが、宇宙の「加速膨張」です。

これは、真空のエネルギーについて考えていた私たち研究者にとって、実に嬉《うれ》しいことでした。六〇億年ほど前に始まった加速膨張は、宇宙に残っていた真空のエネルギーによる「第二のインフレーション」である可能性が出てきたわけです。

しかし、そこですぐに「ダークエネルギー＝真空のエネルギー」となるほど話は簡単ではありません。理論的に予想される真空のエネルギーと、宇宙を加速膨張させているダークエネルギーの測定値が、合わないのです。

宇宙に残っている真空のエネルギーの量を正確に計算するのはきわめて難しいのですが、おおむねどれぐらいかは見当をつけられます。

量子力学に基づいて素直に計算すると、その大きさは10^{19}ギガエレクトロンボルト（つまり10^{28}エレクトロンボルト）の四乗。一方、ダークエネルギーは10^{-3}エレクトロンボルトの四乗です。

見慣れない単位のことはさておいて、「10^{28}」と「10^{-3}」という数字だけを見ても、その差はわかるでしょう。

一方は1の下に0が二八個、一方は小数点の下に0が二個。それを四乗すると、両者には一二四桁もの違いがあることになるのです。これは現在、理論物理学における最大のミステリーの一つだと言っていいでしょう。

もしダークエネルギーが理論的に計算される真空のエネルギーと同じだけあったとしたら、宇宙はとてつもない勢いで加速膨張してしまいます。その場合、宇宙の構造はまったく違うものになったに違いありません。斥力が強すぎて、ガスが暗黒物質の重力で固まることもなく、当然星や銀河も生まれることはあり得ません。

しかし現に星や銀河は存在するのですから、そんな斥力はない。ないならないで、真空のエネルギーがゼロなのだとしたら、それを理論的に説明する道筋もあるでしょう。ところが実際には、理論的に予想されるほどは大きくなく、ゼロでもありません。どういうわけか、ほんの小さな数値だけ残っているのです。

一般的に、ダークエネルギーの話は「減速するはずの膨張が加速しているのが不思議だ」「なぜそんなに大きなエネルギーがあるのか」という形で語られます。しかし、もともと「真空のエネルギーがある」と考える私たち理論家から見ると、そのエネルギーが「小さすぎるのが不思議」なのです。

真空のエネルギーの問題については、かつてラリー・アボットという物理学者が『サイエンティフィック・アメリカン』にこんなことを書きました。

「現在われわれは、かつて建設した物理学の体系という摩天楼を破壊することなく、その欠陥のある土台を取り替えることに挑戦しているのだ」

ニュートンが確立した古典物理学から二〇世紀の相対性理論や量子力学にいたるまで、

現在の物理学の体系はきわめて整合的に美しくできあがっています。ところが、それを下から支えている基本的な部分のことが謎に包まれている。「上物」を取り壊すことなく、真空のエネルギーという土台をきちんと構築することが、これからの理論物理学に課せられた大きな使命なのです。

「神様」を持ち出さずに偶然性問題を解決したい

ところで、ダークエネルギーに関しては、もう一つ大きな謎があります。それは、宇宙が、「途中から」加速膨張を始めたことです。

ビッグバン以降は長いあいだ減速膨張をしていたので、もしその時代に人類が宇宙を観測していたら、ダークエネルギーのことなど考えなかったでしょう。つまり宇宙開闢《かいびゃく》から一〇〇億年ほどのあいだは、そこに残っているはずの真空のエネルギーが効いていなかったわけです。

それが途中から、まるで車のアクセルを踏み込んだかのように効き始め、宇宙の膨張を加速させ始めた。その理由はまったくわかっていません。

インフレーション後も残っていた真空のエネルギーが膨張の「アクセル」として最初から効いていたら、その斥力がある分、暗黒物質の重力で物質を固めるのに時間がかかったでしょう。したがって、一三七億年後の現在でも星や銀河はできあがっていなかったかもしれません。

ところが現実には、まずは減速膨張が進んで、星や銀河などの構造ができあがりました。そのおかげで、私たち人類も地球上に生まれたわけです。

そのまま減速膨張が続くなら、不思議でもなんでもありません。しかし宇宙は、まるで星や銀河や知的生命体が誕生するのを待っていたかのように、一転して加速膨張を始めました。

なんとも奇妙な気持ちになる話でしょう。宇宙は、私たち人間にとって実に都合のよいタイミングで、減速から加速に転じているのです。

いや、それは宇宙にとって都合がよいともいえるかもしれません。人類のような知的生命体が登場しなければ、宇宙はその存在に気づかれることもない。そのような宇宙は「ある」のか「ない」のか、考え始めると頭が混乱します。何者かに観測されて初めて「ある」といえるのだとすれば、この「速度調整」には宇宙の意思のようなものが働いているような気さえしてくるのです。

しかし、素粒子のガスとして始まった宇宙に、「自分の存在に気づいてほしい」という意思などあるはずがありません。

それを「神の意思」だと考える人もいるでしょうが、少なくとも私たち科学者は、その「神」という概念も人類が生み出したものだと考えます。星が生まれなければ、神様も生まれません。

とはいえ、この「都合のよさ」を科学的にどう説明すればいいのかわからないのも事実です。なぜ、宇宙開闢から一〇〇億年余りの時代に「第二のインフレーション」が始まったのか――これを「偶然性問題」といいます。「偶然」の一言で片づけるには話がうまくできすぎているので、なんとかそれを物理的な法則によって説明したい。それが私たち物理学者の正直な気持ちです。

ところで、インフレーションやダークエネルギーの理解に欠かせない「真空のエネルギー」という概念は、もともと宇宙論から出たものではありません。これは、素粒子物理学における「力の統一理論」に関わるものです。

力の統一理論とは、自然界に存在する「重力」「電磁気力」「強い力」「弱い力」という四つの力を統一する理論のこと。日常的に人間が体験できる重力と電磁気力に対して、後ろの二つはミクロの世界だけで働く力なので、何のことだかわからない人も多いでしょう。「強い力」は原子核の中で陽子と中性子をくっつける働きをする力、「弱い力」は原子核の崩壊を引き起こす力です。

この四つの力の働きは、それぞれ別々の理論によって解明されてきました。しかし物理学者は、できるだけシンプルな原理や法則で自然界を説明したいと考えますし、それができるはずだという信念を持っています。

たとえば、今は一つの力として扱われている電磁気力は、かつて「電気力」と「磁気力」という別々の力だと考えられていました。それを理論的に統一したのが、一九世紀の物理学者ジェームズ・クラーク・マクスウェル（一八三一～七九）です。それと同じように、四つの力を一つに統一したい。それが物理学における大きなテーマなのです。

それは決して簡単なことではありません。

たとえばアインシュタインは晩年に電磁気力と重力の統一理論（つまりマクスウェル理論と相対性理論の統一）に挑戦しましたが、それを果たすことはできませんでした。現在も、それは実現していません。

しかし一九六七年には、「電磁気力」と「弱い力」を統一する理論が誕生しました。アメリカのスティーブン・ワインバーグ（一九三三〜）とパキスタンのアブドゥス・サラム（一九二六〜九六）がほぼ同じ時期に独立に完成させたため、「ワインバーグ＝サラム理論」と呼ばれています。

その理論で重要な役割を果たすのが、真空のエネルギーでした。

そこにエネルギーがあるからこそ、真空は（水が氷になるような）相転移を起こします。ワインバーグとサラムは、その真空の相転移によって、もともと同じ力だったものが電磁気力と弱い力に分かれたと考えました。真空が高いエネルギー状態にあるときは一致する（同じ方程式で扱える）力が、相転移によって低いエネルギー状態になると別々の働き方をするのです。

私が初期宇宙の指数関数的膨張（インフレーション）という理論にたどり着けたのは、このワインバーグ＝サラム理論を素粒子物理学の専門家から教わったことがきっかけでした。教えてくれたのは、後にノーベル物理学賞を受賞した益川敏英（一九四〇〜）さんです。

その理論を勉強した私は、「真空の相転移」というアイデアを宇宙論に活《い》かそうとしました。ワインバーグとサラムは「高いエネルギー状態では二つの力が一致する」ことを理論的に示しましたが、私はそれが宇宙初期に現実に起きた（真空の相転移によって二つの力が分かれた）と考えた。その前提でアインシュタイン方程式を計算すると、真空のエネルギーが空間を急速に押し広げるという結論が出たのです。

「人間原理」とは何か

やや話が横道に逸れてしまいましたが、私に「真空の相転移」というアイデアを与えてくれたワインバーグは、一九八九年、真空のエネルギーについて次のような考え方を発表しました。これは、宇宙に残った真空のエネルギーが小さすぎる問題や、ダークエネルギーの偶然性問題に答える一つの仮説にもなっています。

「宇宙は無数に存在し、それぞれが異なった真空のエネルギー密度を持っている。その中でも、知的生命体が生まれる宇宙のみ認識される。現在の値より大きな値を持つ宇宙では天体の形成が進まず、知的生命体も生まれない。認識される宇宙は今観測されている程度の宇宙のみである」

ここで「宇宙は無数に存在」すると言っているのは、私たちの住む宇宙が無限に広がっているという意味ではありません。「この宇宙」のほかにも、無数の宇宙が存在するという意味です。

そして、それぞれの宇宙にはそれぞれ真空のエネルギー密度が決まっており、「どの宇宙も同じ」ではない。その無数の宇宙の中には天体の形成が進む宇宙もあり、そこでは知的生命体が生まれる。したがって、知的生命体に「観測される宇宙」が、その知的生命体を生むのに都合よく見えるのは当たり前だ——。

ワインバーグが提示したのは、そのような考え方でした。

これを「人間原理」と呼びます。

ただし、このような考え方はそれ以前からありました。真空のエネルギー以外にも、わずかに数値が違うだけで「人間の生まれない宇宙」ができあがる物理定数はいくつもあり、それは基本法則から導くことができません。偶然、人間が生まれるように微調整されているとしか思えないのです。

しかしそれも、この宇宙が無数にある宇宙の一つにすぎず、無数の宇宙はそれぞれ物理定数が異なると考えれば説明はつきます。

そこで次章では、「この宇宙」がいかに人間にとって都合よくデザインされているかを、さまざまな点から見ていきましょう。

第三章　人間に都合よくデザインされた宇宙

重力の弱さを示す「N」という数

三十数年前、私はデンマークの北欧理論物理学研究所（NORDITA）に客員教授として赴任し、一年間ほどコペンハーゲンで生活しました。

そのとき知り合った研究者の一人に、イギリスの天文学者マーティン・リース（一九四二〜）がいます。当時は私も彼も三〇代の若手でしたが、リースは今や「ロード」の称号を戴くイギリスのロイヤル・アストロノマーですから、正式には「マーティン・リース卿《きょう》」と書くべきでしょう。

そのリースに、『宇宙を支配する6つの数』（林一訳／草思社）という著書があります。内容は書名のとおり、六つの数が宇宙のあり方を決めているというもの。逆にいえば、その六つの数が違っていれば、宇宙のあり方も違うということです。

そこで、いかに「この宇宙」が人間にとって都合よくデザインされているかを考える上で、まずはリースの挙げた六つの重要な数についてお話ししましょう。

同書で最初に挙げられているのは、「N」という数です。数字ではなくアルファベットですが、もちろん、これはある値を表す記号。電気のクーロン力を重力で割った比のことを、物理学では「N」で表します。

前章の終わりに、自然界に存在する「四つの力」を紹介しました。これは、それぞれ力の強さが異なります。名前のとおり、強い力は電磁気力より強く、弱い力は電磁気力より弱い。その弱い力よりもはるかに弱いのが、重力です。

ロケットが地球の重力を振り切って宇宙に飛び出すには大変なエネルギーが必要ですから、「重力は弱い」と言われてもあまりピンと来ないかもしれません。

しかし小さな磁石と金属のクリップを用意すれば、重力の弱さはすぐにわかるでしょう。地球という大きな物体の重力で下から引っ張られているにもかかわらず、上から磁石を近づければ、クリップは重力に逆らって磁石にくっつきます。小さな磁石一つの電磁気力に負けるぐらい、地球の重力は弱いのです。

それでは重力の強さは電磁気力に比べて何倍小さいのでしょうか。物質は原子から作られており、原子は原子核とその周りをまわっている電子から作られています。原子核は陽子や中性子から作られていますが、陽子はほんのわずか、一〇〇〇分の一程度、中性子より小さい質量です。陽子がわずかに小さいことは後に九四頁に示すように重要な意味を持つのですが、ここでは質量はだいたいのところ同じといってよいでしょう。一方、電子の質量は陽子や中性子と比べるとだいたい二〇〇〇分の一です。つまり物質の質量は陽子や中性子が担っています。

ここで一個の陽子と、もう一個の陽子の間に働く重力と、同様に陽子同士の間に働く電磁気力の強さを比べましょう。陽子間に働く重力、つまり万有引力は、同じプラスの電荷を持っている陽子同士が反発し合う電磁力、つまりクーロン力の強さの一〇の三六乗分の一です。「N」はクーロン力を重力で割ったものですから、その値は「10^{36}」となります。

重力が強ければ生命体は存在できない

こんなに小さな重力が、マクロの世界では絶大な影響力を持っているのは不思議に思われるかもしれません。電磁気力に比べれば「誤差」のようなものなのに、その重力によって私たちは地面にくっつき、地球は太陽のまわりを回っているのです。

そうやって重力が「目立つ」のは、それが「引力」しか持っていないからです。電磁気力には「引力」と「斥力」の両方があり、私たちの日常レベルではほとんどがプラスとマイナスで打ち消し合っているので、その影響を実感することはあまりありません。エレベーターのボタンを押して静電気を感じたりするのは、かなり特別な出来事です。また、強い力と弱い力も重力よりはるかに大きいのですが、こちらはミクロの世界でしか働かないので、やはり私たちにはその存在が実感できません。

そのため重力は、弱いにもかかわらず、宇宙のあり方を大きく左右します。たとえばリースは本の中で、もし「N」が10^{30}（つまり重力が現実の一〇〇万倍）だったら、「天体はこれほど大きくなる必要はない」と書きました。その場合、一つの星を作るのに必要な原子の数が一〇億分の一で済みます。

また、重力が強ければ惑星上の生命体も影響を受けずにいられません。リースによれば、「重力の強いこうした想像上の世界では、微小な虫でさえ、自分の体を支えるために太い脚を持たなければならない。それより大きな動物が生まれる可能性は皆無だろう。人間くらいの大きさのものは、たちまち重力に潰されてしまう」のです。

それ以前に、重力が強いと宇宙空間に星が広く散らばらず、近くを通る星によって軌道が乱れるため、安定した惑星系が形成されることは期待できません。だとすれば、微小な虫どころか単細胞生物も生まれないでしょう。

仮に安定した惑星系が形成されても、$N=10^{30}$の宇宙では星から急速に熱が奪われるため、星の寿命は一〇〇万分の一に縮まります。地球上の生命は四六億年かけて進化しましたが、その仮想宇宙では太陽が一万年で寿命を迎えてしまうので、たとえ生命体が生まれても複雑な進化を遂げる時間がありません。

こうして考えると、私たちが存在するのは重力が弱いおかげだと言うことができます。つまり「N」が現実よりも小さな数字だったら、おそらく人類は生まれていない。しかし、その「N」がなぜ10^{36}になるのかを説明する理論は今のところありません。クーロン力と重力の比はまったく異なる数でもかまわないのに、どういうわけか人間にとって都合のよい数になっているのです。

核融合率「ε」の謎

次にリースは、宇宙を支配する数として「ε（イプシロン）」を挙げています。これは

「核融合効率」のこと。身近な言葉を使うなら、「原子力エネルギー」のことだと思ってもらえばいいでしょう。

たとえば太陽の中では、二個の陽子と二個の中性子が融合して、ヘリウムの原子核が作られています。しかし融合の前後では、質量が同じではありません。二個の陽子と二個の中性子の合計のほうが、ヘリウムの原子核よりも重いのです。

つまり、核融合によって質量が減っている。そこで失われた質量が（$E=mc^2$の式が示すとおり）エネルギーとなって放出されるから、地球は太陽から多くの熱を受けることができるわけです。

この核融合の前後でどれだけ質量が軽くなるかを示すのが、「ε」にほかなりません。その度合いは、〇・〇〇七という小さな値です。陽子と中性子の質量のうち、エネルギーになるのはたった〇・七％しかない。しかし小さな質量も「光速の自乗」という大きな数を掛け合わせることで、大きなエネルギーになるのです。

では、この数が違っていたら、宇宙はどうなるでしょう。

リースによれば、「水素が周期表の残りの元素に変換されていく過程が、がらりと変わってくる」ことになります。なぜなら「ε」の数は、原子核の内部で陽子と中性子を接着剤のようにくっつけている強い力の大きさで決まるからです。

核融合反応は、四個の粒子がいっぺんに集まって起こるわけではありません。まず一個ずつの陽子と中性子からなる重水素が作られ、それが二個くっついてヘリウムの原子核になります。

しかし、もし「ε」が〇・〇〇七ではなく〇・〇〇六未満だった場合、強い力の大きさが足りないため陽子と中性子がくっつきにくく、重水素が安定しないでしょう。したがってヘリウムも合成されなくなり、宇宙は「水素だけでできた単純なものとなる」のです。それでは、おもに炭素からできている生命体など作りようがありません。

それでは、逆に「ε」が〇・〇〇八よりも大きかったら、どうでしょう。

実はこの場合も、生命は誕生しません。複数の陽子が原子核を作るときに、中性子の助けを借りる必要がなくなるからです。

というのも、陽子はプラスの電荷を持っているため、同じ電荷を持つ陽子とのあいだで斥力が働きます。そのため、原子核の「接着作用」を強めてくれる中性子を巻き込まなければ原子核を形成することができません。

ところが、「ε」が〇・〇〇八を超えるほど強い力が大きくなると、電気的な反発があっても陽子同士がくっつきます。したがって、現実の宇宙のように複雑な化学反応を起こす元素を作ることができず、やはり生命体のようなものは生まれようがないのです。

ですから、人間を生む宇宙は「ε」が〇・〇〇六から〇・〇〇八のあいだに収まっていなければいけません。実際にそうなっているから私たちも存在するわけですが、「ε」が必然的にその範囲内になることを示す理論もないのが現状です。

宇宙膨張の鍵を握る「Ω」

さて、本書ではすでに宇宙の膨張にいくつかのパターンがあることをお話ししてきましたが、三番目の「宇宙を支配する数」はそれに関わるものです。

宇宙が減速膨張するのか、あるいは加速膨張するのか——これが宇宙論における大テーマであることはもうおわかりでしょう。その重要な問題の鍵を握るのが、「Ω（オメガ）」という数です。

現在、宇宙が加速膨張していることはわかっていますが、それが永遠に続くとはかぎりません。やがてブレーキがかかり、膨張が減速する可能性もあります。

そうなると、フリードマンのモデルにもあったとおり、宇宙が膨張から収縮に転じることも考えられるでしょう。その場合、宇宙は遠い将来に一点で潰れることになります。これを「ビッグクランチ」といいます。

逆に、このまま加速膨張がさらに強くなると、あらゆる物質が素粒子レベルまでバラバラになってしまうでしょう。宇宙が引き裂かれるという意味で、これは「ビッグリップ」と呼ばれています。もちろん、潰れることも引き裂かれることもなく、いつまでも減速膨張を続けるというシナリオもあり得るでしょう。

それがどうなるかは、宇宙に存在する全物質の重力と、膨張を後押しするエネルギーの力関係で決まります。物質の重力と膨張エネルギーが、それぞれ「収縮」と「膨張」の方向に向かって綱引きをしている――そんなイメージでしょうか。

そこで重要になるのが、重力源となる物質の密度です。

物質の密度が一定の値を超えていれば、重力が膨張エネルギーを上回るので、宇宙は途中から収縮を始めます。その境界線のことを「臨界密度」といい、臨界密度と現実の宇宙における物質の密度の比のことを「Ω」という記号で表しているのです。

別の言葉でいうと、この臨界密度は「宇宙が平坦になる密度」ということになります。三次元の空間が「平坦」かどうかはイメージしにくいでしょうが、それを説明するために、再びフリードマンの「三つの膨張モデル」を思い出していただきましょう。

それによると、膨張の「初速」が小さい場合、打ち上げ速度が脱出速度に達しなかったロケットが地球に戻ってくるように宇宙は途中から収縮に転じます。この場合、宇宙空間は平坦ではありません。そして、空間の曲がり具合を示す「曲率」が正の値を取るのが、このモデルです。

一方、空間の曲率が負の値を取るのは、永遠に等速膨張が続くモデルです。地球からの脱出速度を上回る速度で打ち上げられたロケットが宇宙空間を等速で飛んで行くのと同じように、膨張が同じ速度で進んでいく。曲率が正と負では空間の曲がり方が違うのですが、これも三次元ではなかなかイメージできません。二次元の平面でいえば、球面や卵の表面などは曲率が正、馬の鞍《くら》のような曲がり方は曲率が負です。

では、曲率がゼロ、つまり宇宙が「平坦」な場合はどうなるか。

これは、ロケットの初速が地球からの脱出速度に一致しているのと同じです。この場合、ロケットは徐々に減速し続けますが、地球に戻ることはありません。したがって、曲率がゼロの「平坦な宇宙」はいつまでも減速膨張を続け、決して収縮はしないのです。

先ほど述べたとおり、この「平坦な宇宙」では、重力源となる物質が臨界密度となります。その臨界密度と実際の物質の密度との比が「Ω」でした。

もし「Ω」の値が1よりも大きければ（つまり物質の密度が臨界密度よりも高ければ）宇宙の曲率は正になり、やがて収縮を始めます。物質の密度が極端に高く、「Ω」が2や3だったとしたら、宇宙はとっくの昔（地球や人類が誕生する前）に収縮して潰れていたでしょう。

逆に「Ω」の値が1よりも極端に小さい場合、宇宙は初期の頃から等速で膨張したでしょう。その場合、物質の重力の影響が弱いので、ガスがなかなか固まりません。そのため、一三七億年経った現在でも銀河や星が生まれていなかったはずです。

しかし現実には、宇宙には銀河や星が生まれていますし、収縮によって潰れてもいません。それは、「Ω」がほぼ1に近い値だからです。つまり、宇宙の曲率がゼロに近く、そのために空間が平坦に保たれているのです。

これは、実に不思議なことです。空間が曲がっている場合、曲率は「正か負」であることが条件ですから、それには無限の値があります。それに対して、宇宙を平坦にするには、曲率がゼロに近くなければいけない。どう考えても、平坦にならない可能性のほうがはるかに高いのです。

二次元でも四次元でも生命体は生まれない

ここまで、「N」「ε」「Ω」という三つの数を紹介してきました。リースは前掲書の中で、そのほかに「λ」「Q」「D」の三つを挙げています。それらについても、簡単に説明しておきましょう。

まず「λ（ラムダ）」ですが、これはもともと、アインシュタインが宇宙項を表す記号として自分の方程式に書き加えたものです。それをハッブルの発見を受けて引っ込めたわけですが、現在は「第二のインフレーション（加速膨張）」が起きていると判明したことで、この記号が蘇《よみがえ》りました。宇宙項と同様、宇宙を押し広げる斥力として働く「真空のエネルギー」の大きさを示すのが、この「λ」です。先述したとおり、それは理論的な予想を大幅に下回るわずかな値にすぎません。「λ」が小さいおかげで現在の宇宙が成り立っているのですが、それがなぜそんなに小さいのかが大きな謎なのです。

次の「Q」は、星や銀河、あるいは銀河の集合体である銀河団など大きな構造の「まとまり具合」を示す数だと思えばいいでしょう。それらの構造はどれも重力で結合しており、その結びつきの緊密さ、重力結合エネルギーと星や銀河のポテンシャルエネルギー（静止質量エネルギー）の比で表されます。それが「Q」です。「Q」が大きいほど構造のまとまり具合は緊密になり、小さいほどゆるやかになります。

現実の宇宙では、銀河団などの大きな構造の「Q」がおよそ一〇万分の一になっていますが、もしこれが一〇〇分の一や一〇分の一といった大きな数だったら、どうなるか。銀河団の結合は極度に緊密になり、ほとんどの構造がブラックホールになってしまいます。

逆に「Q」がもっと小さければ、まとまり具合がゆるすぎて、構造そのものが生まれないでしょう。いずれにしろ、現実に存在する宇宙の大構造は作られません。どういうわけか「Q」が一〇万分の一程度になっているので、星や銀河が存在するのです。

最後の「D」は、「次元」のことです。

私たちは三次元空間に一次元の時間を加えた「四次元時空」で暮らしていますが、これは理論的に説明できる数ではありません。理論的には、空間も時間も任意の数を取ることができるのです。

しかし、たとえば空間が二次元だとしたら、おそらく生物は存在できないでしょう。たとえば、イギリスの著名な物理学者スティーブン・ホーキング（一九四二〜）は二次元世界の犬を描いています。犬は口から肛門まで一本の管が通っていますが、平面の場合、その管の上と下とで体が分かれてしまいます。ここでは馬の絵を描いていますが、上と下に体が分離してしまうことは同じです。

もちろん、人間も同じこと。口と肛門という両端が外に向かって開いているのに、体が一つにまとまっていられるのは、私たちが三次元の立体だからなのです。

一方、仮に空間の次元が四よりも大きな数だったとしても、生命体にとってはあまり都合がよくありません。

二次元世界の生物？

三次元空間の住人にとって、四次元や五次元の空間はイメージすることもできない世界ですが、理論的には考えることができます。三次元空間では位置を決めるのに「縦・横・高さ」という三つの要素が必要ですが、四次元空間ではもう一つ別の「方向」があり、それがわからなければ位置を決められません。

そんな方向があれば、宇宙の構造はもっと豊かで複雑なものになると思う人もいるでしょう。しかし実は、そうなる以前に大きな問題があります。三次元空間と四次元空間では、重力の働き方が違うからです。

三次元空間では、重力の強さが距離の自乗に反比例しますが、四次元空間になると距離の三乗に反比例することになります。すると、銀河の中心に近づくほど重力の影響が強くなる。そのため、三次元空間では銀河の中心を回転している星々が、四次元空間ではスパイラルを描くように中心部に落ちていってしまうのです。

これでは、「Q」が大きな数だった場合と同様、ブラックホールだらけの宇宙にしかなりません。銀河ができないどころか、ミクロの世界でも電子が原子核のまわりを安定的に回転することができず、原子を作ることができないでしょう。いずれにしろ、四次元以上の空間では、物質的な構造ができあがらないのです。

中性子より陽子のほうが重いと原子が作れない

以上、リースが「宇宙を支配する数」として著書の中で挙げた六つの数を紹介してきました。

もし神様が宇宙を創造したのだとすれば、いずれそこに人間が生まれるようにそれらの数を決めたということになるでしょう。しかし神様が宇宙を作ったのではないならば――多くの物理学者はそう考えているわけですが――これらの数が人間を生むのに都合よくできていることが実に不思議なことに思えるのです。

ちなみに「N」や「ε」のような物理パラメータの中には、ほかにも「人間にとって都合のよい数」がいろいろとあります。

たとえば、電磁気力や強い力の大きさ。いずれも、さまざまな物質を構成する元素を合成する上で、重要なパラメータです。その値が少しでも違っていたら、宇宙の風景はまったく違うものになるでしょう。

詳しい説明は省略しますが、もし強い力が現状よりも〇・五%ほど大きかったり、電磁気力が四%ほど強かったりした場合、星の内部で酸素や炭素は合成されません。そのような宇宙では、当然、生命体は生まれない。どちらの値も、私たちが生まれるようにうまく「ファイン・チューニング」されているように思えるのです。

もう一つ、「核子の重さ」についても触れておきましょう。

核子とは、原子核を構成する陽子と中性子のことです。この両者には電荷の有無（陽子がプラスで中性子は中性）という性質の違いがありますが、違うのはそれだけではありません。中性子のほうが、陽子よりやや質量が大きいのです。これがもし逆だったとしたら、原子を作ることはできません。

というのも、中性子は「ベータ崩壊」という現象によって陽子に姿を変えることができます。弱い力の働きによって、中性子から電子とニュートリノという素粒子が放出される現象です。電荷がマイナスの電子を放出するので、中性子だったものがプラスの電荷を持つようになる。それと同時にニュートリノがエネルギーを持ち出すので、質量も軽くなり、陽子になるわけです。

ですから、もし中性子のほうが軽かったら、ベータ崩壊によって質量が減ってしまうので、陽子にはなれません。逆に、重い陽子のほうが崩壊して中性子になります。そして、中性子は電荷が中性なので電子を捕まえることができず、それだけでは原子を作ることができません。原子が作られなければ、物質もできないのです。

中性子と陽子の質量の差は、ほんのわずかしかありません。陽子の質量が実際よりも〇・二%ほど大きくなるだけで、その立場は逆転します。そんな際どい「微調整」によって、私たちの物質世界は支えられているのです。

複数の条件を同時に変えれば「チューニング」の幅は広がる

ただし物理パラメータに関しては、複数の変化を組み合わせることで、「ファイン・チューニング」の幅をもっと広く取ることができるのではないかという考え方もあります。たとえば、強い力や電磁気力。先ほど述べたとおり、どちらも現実の値から少し違うだけで、この宇宙に生命体は生まれません。

しかし、この二つのパラメータを同時に変えると、どうなるか。一方の変化によって生じる不都合を、もう一方の変化が補うことで、全体のバランスが保たれる可能性もあるでしょう。たとえば国の政策でも、ある法律の改正案だけ見るとマイナスが大きいのに、それと関連するほかの法律の改正案も加えると、全体的にはプラスになることはあり得ます。

そのような考え方自体は、以前から物理学者のあいだにありました。

近年は、それを厳密に調べる研究も、A・ジェンキンスやG・ペレスらによって始められています。図のように、縦軸と横軸のパラメータを同時に変えると、生命が存在できる領域が広がるのです。

ファイン・チューニングの幅

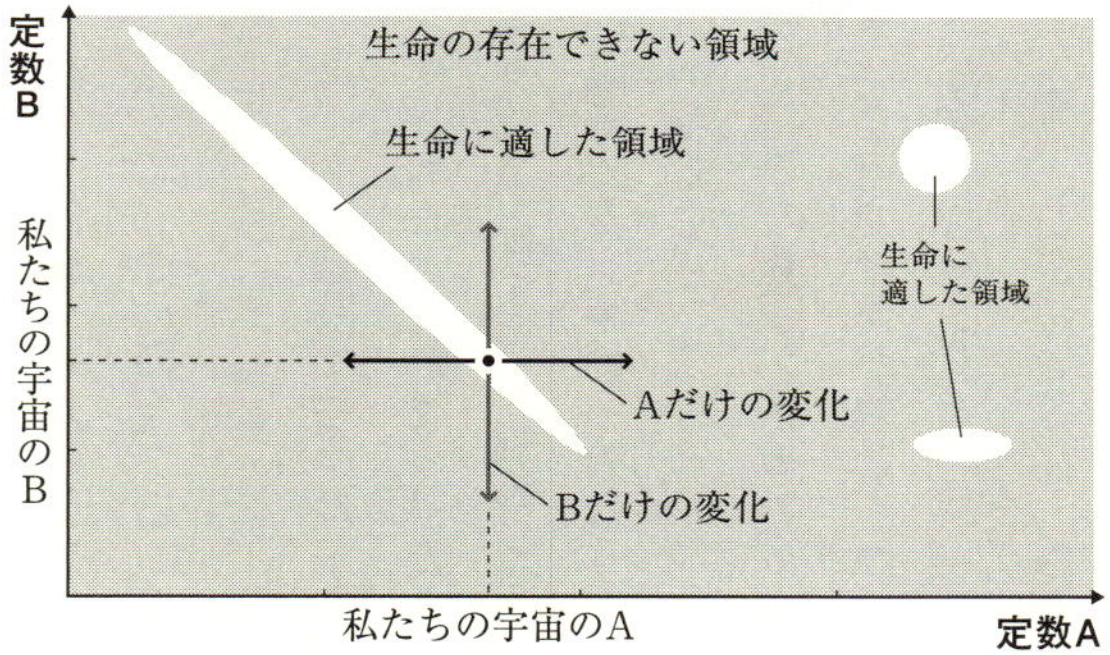

A、Bを個別に変化させると生命の存在できる範囲は非常に狭いように思えるが、同時に変化させると広い領域で生命の存在できる定数の組み合わせや、飛び地が見つかる可能性もある。

また、この研究では「弱い力の存在しない宇宙」がどうなるかについてもシミュレーションしています。弱い力が存在しないと、中性子がベータ崩壊によって陽子に変わることがありません。しかしそれでも、重水素（陽子＋中性子）と陽子が融合して「ヘリウム3」という元素が大量に生まれるというのが、その研究の結論です（現実の宇宙では核融合によって「ヘリウム4」が大量に発生します）。

その場合、核融合反応で生じるエネルギーが低くなるため、私たちの宇宙よりも星が暗くなります。温度も低くなるので、生命の存在する惑星は星に距離的に近くなければなりません。私たちの太陽系でいえば、地球では生命が生まれない。水星よりもさらに内側の軌道にある惑星でなければ、太陽の恵みによって生命を繁栄させることはできないでしょう。

ところで、この研究では、クォークの重さが異なる宇宙についてもシミュレーションをしました。

クォークとは陽子や中性子などを構成する素粒子のことで、六つの種類があることがこれまでにわかっています。たとえば陽子は二個の「アップクォーク」と一個の「ダウンクォーク」、中性子は一個の「アップクォーク」と二個の「ダウンクォーク」からできている。陽子よりも中性子のほうが重いのは、アップクォークよりもダウンクォークのほうが重いからです。

では、そのダウンクォークの質量を小さくして、陽子のほうが中性子よりも〇・一%ほど重い宇宙では何が起こるか。この場合、軽くて崩壊しにくい中性子がたくさん集まって、元素合成が進みます。

すると、安定して存在する炭素の種類が変わってきます。私たちの宇宙では、陽子と中性子を六個ずつ持つ「炭素12」が安定で、これが生命体の重要な材料になっていますが、ダウンクォークが軽い宇宙では、中性子を二個余計に持つ「炭素14」が安定的に存在します。この炭素14を材料にすることができるので、「その宇宙」でも生命体は存在できるはずだ——というのが、その研究者の予想です。

こうした仮説はまだ厳密な議論を経ていないので、本当にそのとおりの宇宙になるかどうかはわかりません。しかし、物理パラメータが「この宇宙」とは少し違う宇宙でも、生命体が存在できる可能性があるのはたしかでしょう。私たちの宇宙における物理パラメータが、生命を含めた物質世界を構築するための唯一にして絶対のものではない、ということはいえると思います。

ただし、仮にそうだとしても、物理パラメータが「なんでもいい」わけではありません。微調整の精度がいくらかルーズになるだけで、人類が生まれるために何らかの「チューニング」が必要であることに変わりはないのです。

人間原理は「平坦性問題」から始まった

前章の最後に、真空のエネルギー密度が小さすぎることを説明するためにスティーブン・ワインバーグが持ち出した「人間原理」という考え方を紹介しました。しかし、この考え方はワインバーグのオリジナルではありません。ここまで見てきたように、この宇宙には理論的に説明のできない不思議な「微調整」がたくさんあります。

それを「人間原理」で説明しようと考えた最初の人物は、アメリカの物理学者ロバート・ヘンリー・ディッケ（一九一六～九七）でした。ビッグバン理論の予言する宇宙マイクロ波背景放射の探索を進めていながら、ペンジアスとウィルソンに先を越されたことでも知られる研究者です。もともとは理論物理学者で、大変な俊才として有名でした。

宇宙の膨張を研究していたディッケが人間原理で説明しようとしたのは、先ほど紹介した「平坦性問題」です。なぜ宇宙空間の曲率がゼロになり、「Ω＝1」になっているのか。先述したとおり、空間の曲率は正か負のどちらかの値になる確率のほうが圧倒的に高いので、これはあまりにも人間にとって都合がよすぎます。「曲率＞0」「曲率＝0」「曲率＜0」の宇宙がそれぞれどうなるかを示したグラフを見ればわかるとおり、空間が平坦になるのは、きわめて狭いコースしかありません。

この微調整の難しさは、こんなたとえ話をすれば実感できるのではないでしょうか。

平坦性問題

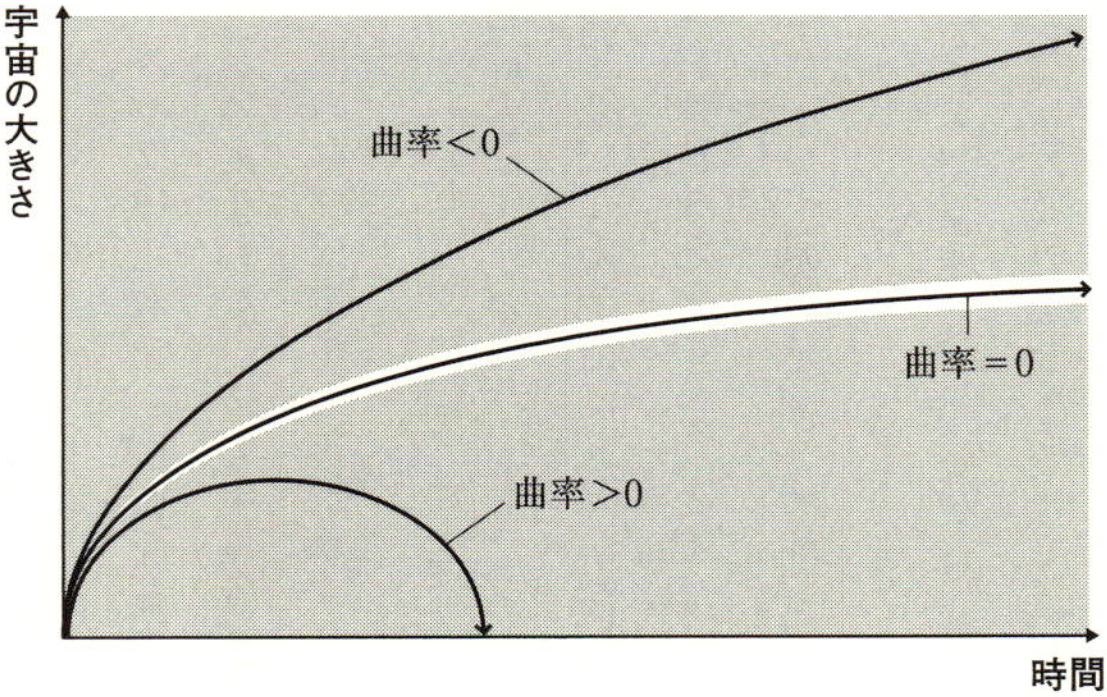

宇宙を平坦なまま膨張させるのは、初期においてきわめて厳しい微調整が必要。

たとえば、あなたが北アルプスの尾根道を穂高《ほたか》のほうから縦走しているとします。足元にある石ころを、尾根道に沿って転がるように蹴飛《けと》ばすのは、至難の業でしょう。尾根道は狭いので、ふつうは西側の岐阜県のほうに落ちるか、東側の涸沢《からさわ》のほうに落ちるか、どちらかです。

それと同じように、宇宙空間も曲率が正になって早く潰れるか、負になって等速膨張をするかのどちらかになるのが「ふつう」なのです。

ところが実際には、蹴った石が尾根道に沿ってまっすぐにコロコロと転がっている。そんな不可能に近いことが、宇宙では起きているのです。仮に神様が宇宙の初期条件を決めたのだとしても、その「打ち上げ速度」を小数点以下一〇〇桁ぐらいの精度で微調整しなければなりません。

ディッケはこれを「宇宙開闢の初期条件は人間が生まれてくるようにデザインされている」と考えました。彼の主張はこうです。

「人間の存在は宇宙の年齢が一〇分の一でも、また一〇倍でもあり得ず、きわめて選ばれた存在だ」「宇宙はきわめて平坦に調整されていなければビッグクランチで潰れてしまい、観測者は存在しない」——。

つまり、この宇宙に人間が存在しているという事実から、宇宙の初期条件や生命の進化の条件が決まるということです。ディッケがこの考え方を発表したのは、一九六一年のことでした。ワインバーグの「人間原理」よりも三〇年ほど前です。


「弱い人間原理」と「強い人間原理」

ただしディッケはこのとき「人間原理（Anthropic principle）」という言葉を使っていません。この言葉が初めて公式な場で使用されたのは、一九七三年のことです。コペルニクスの生誕五〇〇年を記念して開催された「クラクフ記念シンポジウム」で、ブランドン・カーター（一九四二〜）という物理学者がそれを提唱しました。

カーターはそのとき、いわゆる「コペルニクス原理」と対比する形で「人間原理」を口にしたと言われています。

たしかに、人間原理はコペルニクスと正反対の見方だと言っていいでしょう。コペルニクスの地動説は、それまで宇宙の中心にいると思われていた私たちの地球が、実は太陽のまわりを回る惑星の一つにすぎないというものでした。

だとすれば、その地球に存在する私たち人間も、宇宙の中で特別な存在ではありません。地球や太陽がありふれた天体であるのと同じように、人間もありふれた生命体だと思えてきます。ほかの惑星に知的生命体がいても少しも不思議ではありません。普遍的な「その他大勢」の一つにすぎないのであって、神様に選ばれたような存在ではないということになるわけです。

その後、これは物理学者にとって、ごく当たり前の発想になりました。私たち物理学者は、あらゆる自然現象が普遍的な物理法則にしたがって起こると考えます。「地球だけは特別な法則で動く」とか「人間だけはほかの物質と違う選ばれた存在なのだ」といった考え方はしません。

そういう科学の精神は、コペルニクスの地動説から始まったといえるでしょう。そのため、地球や人間を特別視しない基本的な考え方のことを「コペルニクス原理」と呼ぶのです。

ところがカーターは、そのコペルニクス生誕五〇〇年を記念するシンポジウムで、まるで人間が宇宙の中心にいるかのように聞こえる説を唱えました。

観測者としての知的生命体＝人間が存在していることで、さまざまな数値や法則が決まる——そんなカーターの主張は、一九六一年のディッケよりもさらに大きく踏み込んだものでした。

ディッケが「人間が生まれてくるようにデザインされている」と言ったのは、宇宙の「初期条件」についてです。具体的には、おもに「平坦性問題」を念頭に置いたものでした。カーターは、このディッケの主張を「弱い人間原理」と呼びます。

しかしそれは、カーターが唱える「人間原理」の半分でしかありません。「弱い人間原理」があれば、「強い人間原理」もある。カーターは、宇宙の初期条件だけでなく、物理学の基本法則や定数も、人類が生存しているという条件から決まると考えました。こちらが、「強い人間原理」です。

リースの挙げた「Ω」や「Q」などは宇宙の初期条件ですから、カーターの言う「弱い人間原理」に当てはまります。一方、空間の次元である「D」や、重力、電磁気力、強い力の強さ、またこれらから決まる「N」や「ε」、さらにこれらから決まる陽子や中性子の質量は物理定数なので「強い人間原理」に当てはまります。しかし「λ」は一概にどちらであるか言い切るのは難しいでしょう。「λ」が宇宙定数という物理定数であるとするなら「強い人間原理」から決まることになるでしょうが、ダークエネルギーが未知の物理法則で時間的に変化して今日の値になっているのだとすれば、今日の値も宇宙の初期条件から決まるものであり「弱い人間原理」から決まるものでしょう。カーターはこの講演時に知られていた物理法則の中の定数を決めるものとして「強い人間原理」を考えたのですが、「λ」は新たに生じたものであり、どちらとも言えないものです。

平坦性問題は人間原理なしで説明できる

この「弱い人間原理」と「強い人原原理」の意味の違いを考えてみましょう。

簡単にいえば、「強い人間原理」のほうが、より深いところから従来の考え方を否定しています。

たとえば、大砲の弾を撃つことを考えてみましょう。

弾の重さ、火薬の量、気温や湿度などの気象条件、大砲の角度など計算に必要な数値さえわかっていれば、撃った弾がどの位置に着弾するかは、物理法則によって知ることができます。しかし、実際に撃つ場合、どのような弾を使い、どれだけの火薬を使って、大砲をどんな角度にするのかは、物理法則では決まりません。誰かがそれを意思決定するわけです。

宇宙の膨張も物理的な現象である以上、その動きは物理法則にしたがいますから、初期条件さえわかれば、どのような宇宙になるのかは計算することができます。その意味で、初期条件よりも物理法則のほうが、より基本的な原理だといえるのです。

もちろん多くの物理学者は、物理法則も宇宙の初期条件も、どちらも普遍的な原理によって説明したいと考えます。ただしその二つは話のレベルがまったく違います。物理法則が人間の存在という条件によって決まるとする「強い人間原理」は、物理学の根本に関わるという意味で、「弱い人間原理」よりもはるかに大きなインパクトを持っているのです。

もっとも、これらの人間原理はあくまでも仮説の一つであって、決して物理学が到達した結論というわけではありません。

とくに、ディッケが「人間が生まれるようにデザインされている」と考えた平坦性問題については、「弱い人間原理」を使わなくても説明できることがわかりました。神様が「奇跡のひと蹴り」で石をまっすぐに転がさなくても、両側に落ちないような仕組みがある。どのような初期条件であろうが、宇宙の曲率がゼロに近づくことは、理論的に説明可能なのです。

それでは、人間原理を使うことなしに、宇宙の平坦性問題をどのように説明するのか。実は、それを可能にしたのが、私やグースの「インフレーション理論」にほかなりません。次の章では、この理論についてさらに詳しくお話ししましょう。

第四章　インフレーション理論

ビッグバン以前から宇宙は膨張していた

二〇世紀前半にハッブルが宇宙の膨張を発見したことで、この世界には「始まり」があることがわかりました。しかし、宇宙がどのように始まったのかは、いまだに謎に包まれています。

「宇宙はビッグバンで始まった」と誤解している人もいますが、いきなり「火の玉」が生まれたわけではありません。

ビッグバンの直前に、インフレーションと呼ばれる急激な膨張が起こりました。第二章でも述べたとおり、これはビッグバンがどのように起きたのかを説明する理論でした。真空の相転移に伴って、膨大な熱エネルギーが放出されたのです。

したがって、宇宙が膨張しているのは「火の玉から始まったから」ではありません。ビッグバンという大爆発の勢いで現在まで膨張しているかのようなイメージを抱いている人が多いのですが、宇宙はビッグバン以前から膨張を始めていたのです。

そもそも、ガモフがビッグバン理論を提唱するまで、宇宙の始まりに「火の玉」が必要だとは思われていませんでした。

膨張している以上、過去に遡るほど宇宙は小さいので物質の密度は高まりますが、温度は必ずしも高くなくてかまいません。アインシュタイン方程式から「膨張宇宙」のモデルを導き出したフリードマンやルメートルも、初期の小さい宇宙が「熱かった」とは言っていなかったのです。

ガモフがビッグバン理論を唱えたのも、「小さい宇宙は温度が高かったはずだ」と考えたからではありません。前述したとおり、彼は「宇宙初期にあらゆる元素が合成されるにはどうすればよいか」という問題を考えた末に、「火の玉が必要だ」という結論にいたったのです。

ところが、ビッグバンで作られる元素は宇宙に存在する元素のごく一部にすぎないことがわかりました。にもかかわらず、ビッグバンが起きたことは宇宙マイクロ波背景放射（CMB）の発見によって裏づけられています。理論の前提は必ずしも正しくはなかったにもかかわらず、結論は正しかったのです。

そうなると、こんどは「なぜ火の玉が生まれたのか」を考えなければいけません。それを急速な膨張の結果として説明したのが、インフレーション理論でした。ガモフのビッグバン理論は、「火の玉」の意味を取り違えていたとはいえ、結果的に「宇宙の始まり」に迫る大きな手がかりを与えてくれたといえるでしょう。

中性子星と超新星爆発

ここで少し、そのインフレーション理論にいたるまでの私の研究史を振り返ってみたいと思います。

私はもともと、宇宙論の研究をしたいと考えていました。私たち人類を含む生命を生んだ宇宙はどのように成り立っているか――という、まさに本書でテーマとしている原理的な問題に興味があったからです。

しかし私が大学院に入った一九六九年当時、宇宙論の分野にはあまり面白いテーマがありませんでした。その五年ほど前にペンジアスとウィルソンが宇宙マイクロ波背景放射を発見し、ビッグバンが実際にあったことはわかりましたが、若い研究者がすぐに手掛けられるようなことは、すでにやり尽くされていたのです。もちろん難しい問題は山ほどありましたが、そちらは院生レベルでやれる仕事ではありません。

その頃に出会ったのが、湯川秀樹博士の招きで京都に滞在していたハンス・ベーテです。研究分野を模索していた私は、それをきっかけに中性子星の研究に取り組みました。中性子星とは、太陽の八倍以上の質量を持つ大きな星が寿命を迎え、超新星爆発を起こした後に残った「核」のようなものです。

太陽では水素からヘリウムを作る核融合反応が起きていますが、太陽の八倍以上ある星の内部では、水素からヘリウムのほかに炭素や酸素が作られ、さらにそこからケイ素、硫黄、カルシウムなどの元素が合成されます。しかし、そこで作られるのは鉄の元素まで（亜鉛など鉄よりも重い元素もわずかに作られます）。鉄はきわめて安定した元素なので、それが合成されたところで、星の内部での核融合反応は止まるのです。

核融合反応が止まると熱エネルギーが生まれなくなるので、星が膨張する力を支えられません。そのため星は、自分自身の重力によって潰れていきます。それと同時に、鉄の原子核が破壊される。さらに、すさまじい圧力によって電子が原子核の内側に押し込められ、プラス1の電荷を持つ陽子がマイナス1の電荷を持つ電子を取り込んで中性子になります。

つまり、核融合反応を終えた星は中性子ばかりの天体になっていく。そして、この「電子捕獲」で陽子が中性子に変わるとき、ニュートリノが放出されます。

こうして「重力崩壊」と呼ばれる現象が進んで行くと、星の中心部に落下する鉄の層が中性子のコアにぶつかって跳ね返り、とてつもない衝撃波が発生します。その衝撃波は星の表面に向かいながら次第に弱まっていくのですが、それを再び強める役割を果たすのが、電子捕獲の際に放出されたニュートリノです。

コアから放出されるニュートリノは大半が星の外に放出されるのですが、そのうちの一%は、衝撃波に吸収されます。これによって勢いを取り戻した衝撃波が星の表面に達したとき、星は強烈な光を発しながら大爆発を起こします。

これが、超新星爆発にほかなりません。

その後に残るのが、中性子星です。重力崩壊によって圧縮されているので、中性子星の物質は角砂糖程度の大きさでも一億トンもの重さになるという、途方もない密度になっています。

ちなみに、その密度がもっと高まったのがブラックホール。太陽の八～二五倍の星は超新星爆発によって中性子星になりますが、それよりも重い星は中心部にブラックホールを残して爆発すると考えられています。

ニュートリノに関する理論を裏づけてくれたカミオカンデ実験

私が超新星爆発の研究を始めた当時は、コアから放出されるニュートリノがほかの物質とどのように衝突するのかがわかっていませんでした。超新星爆発は、重力による現象という点では一般相対性理論が深く関わりますが、ニュートリノが関与する点では素粒子物理学の世界です。宇宙物理学者にとって相対論は不可欠の道具ですが、素粒子のことはあまり馴染《なじ》みがありません。

そこで私がアドバイスを求めたのが、第二章でも述べたように、当時、同じ京都大学の助手だった益川敏英さんです。「ワインバーグ＝サラム理論を使えばいいんじゃないの？」という助言を受けた私は、さっそくその理論を勉強しました。ワインバーグ＝サラム理論は電磁気力と弱い力の統一が目的ですが、これを使うと、ニュートリノが電子や核子とどのように反応するかを計算することができます。

とくに重要なのは、この理論が「中性流相互作用」という現象を予言していることでした。これは、弱い力の働きに関するものです。

弱い力を伝える素粒子には、電荷を持つWボゾンと電荷がゼロ（中性）のZボゾンの二種類があることが現在知られていますが、ワインバーグ＝サラム理論が発表された時点では、後者はまだ発見されていませんでした。しかし電荷を持たないZボゾンが存在すれば、ニュートリノが電子などの物質とより頻繁に衝突できる。それが中性流相互作用です。

そして一九七三年、ＣＥＲＮでのガルガメールという装置を使った実験によって、中性流相互作用が発見されました。ワインバーグ＝サラム理論が予言したとおりに、中性流相互作用が存在することがわかったのです。

それと前後して、私は中性流相互作用がニュートリノに与える影響に気づきました。そこで一九七五年に発表したのが、「ニュートリノのトラッピング理論」です。「トラッピング」とは、「閉じ込め」のこと。私の計算によると、密度の高い星の内部では、超新星爆発の直前、一部のニュートリノが中性流相互作用によってコアの中に一〇秒ほどトラップされるのです。それが、何度も散乱・吸収・再放出をくり返す。この閉じ込められたニュートリノの圧力によって強い衝撃波が生じて、超新星爆発を起こすのではないか——それが私の仮説でした。

その仮説を裏づけてくれたのが、論文発表から一二年後に起きた超新星爆発です。一九八七年、大マゼラン星雲で非常に明るい超新星爆発が観測されました。この爆発によって放出されたニュートリノを捕まえたのが、日本の「カミオカンデ」です。自然に発生したニュートリノを世界で初めて検出した業績によって、カミオカンデ実験のリーダーである小柴昌俊（一九二六〜）さんに二〇〇二年のノーベル物理学賞が与えられたので、よく覚えている人も多いでしょう。

この発見は、私にとっても実に嬉しいものでした。カミオカンデが得た超新星爆発のデータを解析したところ、その持続時間はおよそ一〇秒。これは星のコアにトラップされたニュートリノの拡散時間とほぼ同じであり、私の理論とよく一致していたのです。

真空の相転移によって「四つの力」は枝分かれした

ともあれ、私はこの超新星爆発の研究を通じてワインバーグ＝サラム理論と出会いました。もし最初から「宇宙の始まり」をめぐる原理的な問題を手掛けていたら、そうはならなかったでしょう。

ワインバーグ＝サラム理論は、あくまでも素粒子物理学における「力」の問題を解決するために構築されたものです。ワインバーグとサラムも、それを宇宙論に使うことなど考えていませんでした。

いまでこそ、宇宙論と素粒子物理学のあいだには密接な関係が生まれています。しかし当時は、両者のあいだにあまり接点がありませんでした。

ワインバーグ＝サラム理論で「真空の相転移」を知った私は、それを宇宙論に応用できると考えました。

ワインバーグ＝サラム理論は、電磁気力と弱い力がエネルギーの高い状態で一致し、エネルギーが低い状態では別々の力になることを示しています。ならば、宇宙初期の高エネルギー状態では実際に二つの力が一致しており、真空の相転移によってエネルギーが下がったときに二つに分かれたのではないか――そのように考えたのです。

だとすれば、「電弱力」を電磁気力と弱い力に分けた相転移の前にも、もっと高いエネ

統一理論の予想する「力の系統図」

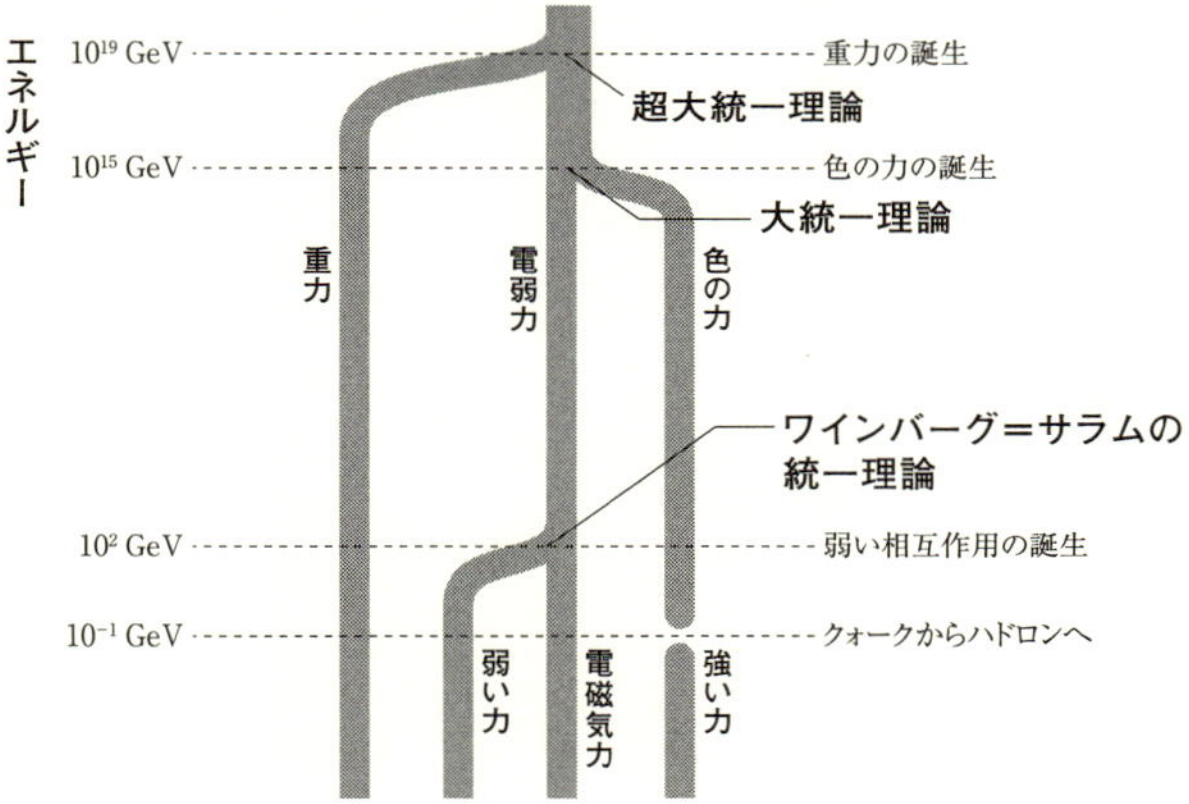

ルギー状態のときに相転移が起きた可能性があるでしょう。それまでは「強い力」と「電弱力」が一致していたのが、相転移によって二つに分かれた。さらにその前は、今の自然界にある「四つの力」がすべて一致していたのが、相転移によって「重力」とそれ以外の力に分かれたと考えることができるのです。

その様子を描いた図は、私が先輩の佐藤文隆さん（一九三八〜。現・京都大学名誉教授）と一緒に作りました。宇宙が始まってから、徐々にエネルギーが低下するにしたがって真空が相転移を起こし、まずは重力、次に強い力が枝分かれし、最後の相転移で弱い力と電磁気力が分かれたというシナリオです。

では、三段階に分かれて起きた真空の相転移のうち、どこでインフレーションが起きたのでしょうか。

それを考える上で重要なのは、「バリオン数」という概念です。バリオンとは、陽子や中性子のような物質を構成する粒子のことだと思ってもらえばいいでしょう。かつて陽子や中性子は、それ以上は分割できない素粒子だと考えられていました。そこでギリシャ語で「重い」を意味する「barys」からつけられたのが、バリオンという名前です。しかしその後、バリオンは素粒子ではなく、三つのクォークからなる粒子だとわかりました。

もし、電磁気力と弱い力が分かれた三番目の相転移でインフレーションが起きたと想定すると、その後の宇宙にはほとんど物質が生まれません。そのタイミングで指数関数的な急膨張が起きた場合、その時点ですでに多くのバリオン数があったとしても、膨張に伴って生じるすさまじい熱によってそれが薄められてしまうからです。したがって、バリオンはインフレーションの後で作られなければいけません。

ならば、三番目の相転移で電磁気力と弱い力が分かれた後にバリオンが作られればいいだろう、と思う人もいるでしょう。たしかに、それならインフレーションでバリオンが薄まることはありません。

しかし、その可能性がないことは加速器実験で明らかになっています。

加速器とは、粒子を加速して高エネルギーで衝突させ、新しい素粒子を検出する装置のこと。二〇一二年にCERNでヒッグス粒子と思われる新粒子が発見されたときに、その言葉を見聞きした人も多いでしょう（その後、CERNはこの発見を「ヒッグス粒子の発見」と断定することにしました）。あれを検出したのは、LHCという加速器でした。一九八三年にZボゾンを検出したのも、同じCERNの陽子・反陽子衝突型加速器でした。

素粒子物理学の世界では、この加速器の技術が進歩し、より高いエネルギー状態を作れるようになるにしたがって、さまざまな新粒子を検出できるようになってきました。そのエネルギーは、すでに宇宙で三番目の相転移が起きたときのレベルまで高まっています。

ですから、もし電磁気力と弱い力が分かれた後にバリオン数が変化したのであれば、同じことが加速器実験でも再現されているはずです。しかし、そんなことはこれまでどこの加速器実験でも起きていません。

したがって、宇宙でバリオンが作られたのは、加速器ではまだ到達できていない高いエネルギー状態のときだと考えられます。つまり、強い力が枝分かれした頃にバリオンが生まれた。だとすれば、インフレーションはバリオン生成の前でなければいけませんから、私は強い力が分かれた二番目の相転移のときに起きたと考えたのです。

「真空の相転移」を裏づけたヒッグス粒子の発見

ところで、二〇一二年にCERNの加速器でヒッグス粒子が検出されたことは、インフレーション理論にとっても朗報でした。ヒッグス粒子は、真空の相転移と深く関わるものだからです。

そもそもワインバーグ＝サラム理論は、「ヒッグス機構」に関する理論を前提にしたものでした（ヒッグス粒子はヒッグス機構から生まれると予言されたもので、この粒子が存在したことでヒッグス機構の正しさが裏づけられました）。さらに、ヒッグス機構は二〇〇八年にノーベル物理学賞を受賞した南部陽一郎（一九二一〜）さんの「自発的対称性の破れ」を下敷きにしています。

そして、ワインバーグ＝サラム理論のいう真空の相転移とは、「ヒッグス場の自発的対称性の破れ」のことにほかなりません。一般には馴染みの薄い言葉ばかり並べてしまいましたが、要するに、ヒッグス粒子の発見は「真空の相転移」という概念を裏づけるものだったということです。

本書のテーマから離れるのでごく簡単な説明にとどめておきますが、南部さんの「自発的対称性の破れ」は、物理学における真空の概念を大きく変えるものでした。「対称性の破れ」とは、どちらを向いても同じだったものが「方向性」を持つということです。

南部理論は、真空でも対称性が破れることを明らかにしました。もし真空が「何もないからっぽの状態」であれば、そんなことは起こり得ません。何もないのですから、方向性など決めようがないでしょう。

しかし実際には真空もエネルギーを持つ物理的な実体であり、そのエネルギー状態が変わることで対称性が破れます。水の温度が下がると氷になるのと同じように、エネルギーが低くなれば真空が相転移を起こすのです。

ちなみに、液体の水は分子がバラバラに散らばっているので「対称性」がありますが、氷になると分子の向きが揃《そろ》って「方向性」が生じます。つまり、相転移によって対称性が自発的に破れてしまう。それと同様、真空もエネルギーが下がって相転移を起こすことで、対称性が破れるのです。

その真空の相転移を起こすために必要なのが、ヒッグス機構でした。詳しい説明は省略しますが、南部理論を素粒子論に応用するには、あるエネルギーを持つ「場」があると考えなければならなかったのです。

それがピーター・ヒッグス（一九二九〜）によって導入された「ヒッグス場」と呼ばれるものです。「場」は、電磁波を伝える「電磁場」のようなものだと思えばいいでしょう。では、ヒッグス場が電磁場のようなものだとしたら、発見されたヒッグス粒子は何に相当するのか。あるいは、電磁場における電磁波は、ヒッグス場における何に相当するのか。

実は、ミクロの世界を扱う量子力学では、あらゆる「波」が「粒」の性質を併せ持ち、あらゆる「粒」が「波」の性質を併せ持つと考えます。たとえば電磁場を伝わる電磁波（光）にも、「粒」の性質がある。それを明らかにしたのは、アインシュタインでした。

彼が解明したのは、「光電効果」という現象の謎です。振動数の大きい光をある金属に当てると、そこからなぜか電子が飛び出してくる。光が「波」だとすると、これは説明がつきません。しかし光が「粒子」だとすれば、電子が弾き飛ばされる理由が説明できるのです。アインシュタインは相対性理論でノーベル賞をもらったと思われがちですが、実は一九二一年の授賞対象はこの「光量子仮説」でした。

そもそも「量子」とは、「とびとびの値」を意味する概念です。もし光に波の性質しかないのであれば、その強さは連続的に変化するでしょう。ところがミクロのレベルで測定すると、その変化が「とびとびの値」を取っている。ある係数と光の振動数を整数倍した数字にしかならないのです。これは、光に「粒」の性質があるからにほかなりません。その光の粒のことを「光子」といい、いわばこれが電磁波の「最小単位」なのです。

ここまで説明すれば、ヒッグス粒子が何なのかはわかるでしょう。電磁場に電磁波があるのと同じように、ヒッグス場にも「波」があります。しかしその「波」は「粒」の性質も持っている。つまりヒッグス場における「波」の最小単位が、ヒッグス粒子なのです。

だから、ヒッグス粒子が発見されれば、真空の相転移を起こすヒッグス場が存在することの間接証拠になる。それが、今回の発見の意義なのです。

物質の質量のうちヒッグス粒子に由来するのはたった一%

今回CERNの加速器で検出されたヒッグス粒子は、宇宙初期でいえば「三番目の相転移」を起こしたヒッグス場で発生するものでした。先ほども述べたとおり、現在の加速器で作ることのできるエネルギー状態は、そこが最大です。

しかし、ヒッグス場はそのエネルギー状態にだけあるわけではありません。より高いエネルギー状態では、別の値を持つヒッグス場やヒッグス粒子が存在し、真空の相転移を起こすはずです。強い力が枝分かれした二番目の相転移も、今回発見されたものとは異なるレベルのヒッグス場によって起きました。私とグースが考えたインフレーションは、この相転移によるものでした。

私とグースが発表した後、インフレーション理論にはさまざまなバリエーションが登場しており、指数関数的膨張を引き起こす場をどう理解すればよいのかはまだ明らかになっていません。しかし、今後の研究がどのように進もうとも、真空のエネルギーが高い状態から低い状態になることでインフレーションが起こるという基本的な考え方に変わりはないでしょう。

そして、真空の相転移を起こすヒッグスのメカニズムが本当に存在することは今回の発見で明らかになりました。その意味で、これはインフレーション理論の正しさを強く支持しています。

CERNがヒッグス粒子（と思われる新粒子）の発見を発表したとき、新聞やテレビではそれを「質量の起源」として大々的に報じました。これはもちろん、間違いではありません。ヒッグス粒子は、たしかに電子やクォーク（陽子や中性子などを構成する素粒子）などに質量を与えます。ただし、物体の質量がすべてヒッグス粒子に由来するわけではありません。たしかに素粒子の質量はヒッグス粒子が与えていますが、それは陽子や中性子の質量のわずか一％にすぎないのです。

素粒子は「物質の根源」なので、物質の質量はそれを構成する素粒子の質量の和になると思うでしょう。しかし、実はそうではありません。

本書のテーマから離れるので詳述はしませんが、陽子や中性子の質量の九九％は、強い力のエネルギーによるものです。陽子や中性子を束ねる力のエネルギーが、$E=mc^2$で質量となっている。したがって、たとえば私たちの体重も、ヒッグス粒子によって与えられているのはたった一％だけなのです。

もちろん、だからといって「質量の起源」としてのヒッグス粒子が取るに足らない存在だというわけではありません。素粒子物理学の研究をさらに深める上で、その発見はきわめて重要な意味を持っています。

しかし「質量の起源」という面ばかり強調したのでは、この発見の意義が十分に理解されません。宇宙論や宇宙物理学の分野から見れば、この発見は「真空の相転移」という概念を裏づけたことに大きな意義がある。科学の世界では、一つの発見が多様な意味を併せ持っていることが少なくないのです。

「密度ゆらぎ」と「一様性問題」

さて、話をインフレーション理論に戻しましょう。

第二章でお話ししたとおり、この理論は宇宙がビッグバンを起こした理由を説明しました。真空の相転移による「倍々ゲーム」の急膨張が終わったところで放出された膨大なエネルギーによって、宇宙は「火の玉」になったのです。

しかし、インフレーション理論が解いた宇宙の謎はそれだけではありません。これも第一章で少し触れましたが、宇宙が完全に均質な空間ではなく、星や銀河といった構造の「タネ」になるデコボコが生まれた理由を明らかにしたのも、この理論です。

それ以前のビッグバン理論でも、宇宙がまだごく小さかったときに密度の濃淡（ムラ）があり、その濃い部分を中心にガスが固まることで星や銀河などの構造ができたと考えられてはいました。そのムラのことを「密度ゆらぎ」といいます。

しかしガモフらの理論では、宇宙全体の構造を決めるほど大きな密度ゆらぎができる理由がわかりませんでした。全体の構造を作るには「事象の地平線」を超える大きなスケールの密度ゆらぎが必要ですが、ビッグバン理論では小さなゆらぎしかできないのです。

事象の地平線とは、「そこまでは光が届く境界線」のことです。アインシュタインの相対性理論によれば、光速は宇宙の「制限速度」ですから、それよりも速く移動できるものはありません。したがって「地平線」の向こうには情報や物質が伝わらない。つまり、因果関係を持つことができないのです。

初期宇宙はこの地平線距離が短く、空間全体が因果関係を持つことができませんでした。全体の構造を作るほど大きな密度ゆらぎを作れないのも、そのためです。

物質密度のムラを「山」だと思えば、イメージはわかるでしょう。平らなところに山を作るには、どこかから物質を持ってこなければいけません。しかし、宇宙最高速の光すら連絡が取れない場所から何かを持ってくることは不可能です。だから、地平線の手前までの小さな山しか作ることができないのです。この密度ゆらぎの問題は、別の問題とも表裏一体でした。それは、「一様性問題」と呼ばれる謎です。

くり返しますが、初期宇宙はこの地平線距離が短く、ほとんどの領域に因果関係がありません。その小さな宇宙が膨張して現在の大きさになったのですから、遠く離れた領域では密度や温度が異なるのが自然でしょう。人間の社会も、お互いに何の情報交換もしていない地域は、文化や生活様式は違ったものになります。

ところがビッグバンの「化石」であるCMBを調べてみると、宇宙全体がほぼ一様の構造になっていることがわかりました。たとえば私たちの天の川銀河から一〇〇億光年離れた銀河と、それとは反対方向に一〇〇億光年離れた銀河は、旧来のビッグバン理論では宇宙の始まりから現在にいたるまで、一度たりとも因果関係を持ったことがありません。お互いに、「地平線」の向こう側にいるからです。そんな領域が同じような構造を持っているのは、実に不思議なことでした。インフレーション理論では、これらは宇宙の初め頃に因果関係があったのです。

インフレーション理論が解決した「平坦性問題」

インフレーション理論は、この「構造の起源」と「一様性問題」という表裏一体の謎に答えることができました。

まず「密度ゆらぎ」の問題は、微小なゆらぎが急速な膨張によって一気に大きく引き伸ばされたと考えれば説明がつきます。つまり現在の私たちが観測できる宇宙は、「地平線」の内側にあった領域が大きく拡大されたものなのです。

だとすれば、観測できる宇宙が「一様」になっているのも当然でしょう。インフレーションの前に「地平線」の内側にあった領域は、因果関係があるので、物質やエネルギーを移動して均一な空間にすることができます。

その領域が一気に拡大して私たちの観測している宇宙になったのならば、全体が一様になっているのは不思議でも何でもありません。ただし、インフレーションの前に「地平線」の向こうにあった領域がどうなっているかは（観測できないので）不明です。その領域は、私たちが観測している宇宙とはかなり様子が違うでしょう。ＣＭＢも一様ではないと考えられます。

ここまで説明すれば、前章で取り上げた「平坦性問題」をインフレーション理論がどのように解決したかもおわかりでしょう。

復習しておくと、「平坦性問題」とは宇宙空間の曲率の問題でした。宇宙の曲率は正か負の値になる確率のほうが高いのに、なぜかほぼゼロになるように「ファイン・チューニング」されています。そうでなければ、人間は生まれていませんでした。だからこそディッケは「宇宙の初期条件は人間が生まれてくるようにデザインされている」と考え、のちにカーターがそれを「弱い人間原理」と呼んだのです。

しかし、私たちが観測できる宇宙が初期宇宙の一部を拡大したものだとすれば、「一様性問題」と同様、これは不思議でも何でもありません。

たとえば私たちはふだん、自分が平らな地面の上にいると思っています。地球は丸いのですから、本当は曲面の上に立っているのですが、そのようには感じられません。それは、丸い地球の一部を「拡大」して見ているからでしょう。地球全体を見れば丸いけれど、ほんの一部を取り出して大きくすれば、ほぼ平面に見えるのです。

宇宙が「平坦」なものとして観測されるのも、それと変わりません。

初期宇宙の曲率が大きく正か負の値を取っていたとしても、その一部がインフレーションによって巨大に引き伸ばされれば、そこは平坦に見えます。「地平線」の外側まで観測できれば、（そこが一様ではないのと同じように）大きく曲がっているのかもしれませんが、そこは私たちには観測することができない。だから、観測できる範囲の宇宙は平坦になっているのです。

真空のエネルギーという魔法

ビッグバン、密度のゆらぎ、一様性問題、そして平坦性問題。ここまで見てきたとおり、宇宙初期に指数関数的な急膨張が起きたとするインフレーション理論は、宇宙をめぐるさまざまな謎を説明しました。

では、なぜ、そのような「倍々ゲーム」の膨張ができたのでしょう。

本来、エネルギーは空間が広がれば、その分だけ密度が薄まります。それは、物質の密度が薄まるのと何ら変わりありません。エネルギーは質量と同じ（$E = mc^2$）ですから、どちらも体積が増えれば密度は下がるのです。

したがって、空間の体積が二倍になれば、エネルギーの密度は半分になるはず。ですが、それで「倍々ゲーム」の指数関数的膨張が可能だとは思えません。エネルギー密度が低下すれば、空間を押し広げる力が弱まるからです。

しかし不思議なことに、真空のエネルギーにはその常識が当てはまりません。真空のエネルギーは体積が増えても決して薄まることはなく、逆に増えていくのです。たとえば宇宙の体積が二倍になれば真空のエネルギーも二倍、体積が一〇〇億倍になれば真空のエネルギーも一〇〇億倍になります。

「それではエネルギー保存の法則を満たしていないではないか」

そう思って首をひねる人も多いでしょう。しかし、それが真空のエネルギーの性質であり、だからこそ指数関数的な急膨張が可能になりました。

まるで、魔法のような話です。納得いかないのも無理はありません。でもそれは、このように考えれば理解できるでしょう。

前に、宇宙の膨張を「投げ上げたボール」や「ロケットの打ち上げ」にたとえて説明しました。しかしここでは、インフレーションを「落下現象」だとイメージしてください。たとえば、太陽のまわりに小さな石ころを置いたとします。石は太陽の重力に引っ張られて（正確にはお互いの重力で引っ張り合って）徐々に速度を増しながら落ちてゆき、最後はすさまじいエネルギーを持って太陽に衝突するでしょう。

では、そのエネルギーはどこから来たのか。

高校の物理の授業では、これを「太陽のポテンシャルエネルギーがマイナスになっているから小石に落下の運動エネルギーが生じた」と説明します。つまり小石が落下して太陽に近づくにつれて、ポテンシャルエネルギーはどんどん負の大きな値となり、その分、運動エネルギーが増していきます。だから、どんどん加速しながら落下するのです。このようにエネルギー量が形を変えながら維持されるのが「エネルギー保存の法則」です。

それと同じように、宇宙はアインシュタイン方程式（つまり重力）によって、小石が落下するように膨張します。ポテンシャルエネルギーがどんどん負の大きな値となり、その分、真空のエネルギーが増してゆく。その真空のエネルギーが、相転移のときに熱エネルギーに転換され、ビッグバンの「火の玉」を生み出したのです。

また、真空のエネルギーが増してゆく様子は、ゴムシートを引っ張って広げることをイメージするとわかりやすいかもしれません。シートを引き伸ばせば引き伸ばすほど、ゴムの中の収縮しようとするエネルギーが増加します。

これと同様、宇宙が重力に引っ張られて膨張すればするほど、その中の真空のエネルギーは収縮しようとして増加します。だから、空間が二倍に膨張すれば真空のエネルギーも二倍、一〇〇億倍になれば一〇〇億倍に増えるわけです。

私とほぼ同時期に同じ理論を考えたアラン・グースは、そんな真空のエネルギーの増大のことを「フリーランチ（タダ飯）」と呼びました。

放っておけばいくらでもエネルギーが増えるのですから、そう呼びたくなる気持ちもわからなくはありません。宇宙の「始まり」がどのようなものだったかわからないので、真空のエネルギーが本当に「フリーランチ」なのかどうかもわかりませんが、それが「無」から「有」を生み出す「魔法」のようなメカニズムだったことはたしかでしょう。

そして現在の宇宙には、再び「魔法」がかかっています。

宇宙を加速膨張させているダークエネルギーも、やはり薄まることがありません。宇宙が広がれば広がるほど、ダークエネルギーも増えていくのです。

その膨張速度はインフレーションほどではありませんが、宇宙というゴムシートが六〇億年ほど前から引っ張られ始めたのは間違いない。だから私はこれを「第二のインフレーション」と呼んでいるのです。

さて、それでは、インフレーション理論はもう一つの定数、宇宙の大構造、銀河団などの「まとまり具合」を表す「Q」の値、10^{-5}を、「Ω」と同様に「弱い人間原理」を持ち出すことなく説明することができるのでしょうか。宇宙の大構造、銀河団などの「まとまり具合」は、重力の働きでだんだん成長するので「Q」の値も大きくなっていきます。宇宙が始まった頃は、宇宙はきわめて一様で物質密度の濃淡の度合いはほとんどなかったことになりますが、しかしこの濃淡、密度ゆらぎがなければ、私たちの宇宙には銀河団をはじめとする天体は生まれません。前に説明したように、この密度ゆらぎを作るのはインフレーションの大きな役割です。当然現在の「Q」の値をインフレーション理論は説明しなければなりません。実際、インフレーション理論のなかの数値を調節してやるとうまく現在の「Q」に合わせることもできます。構造形成が進まずに星や銀河が生まれないとか、反対に構造形成が行き過ぎてブラックホールだらけになることを避けて、ちょうど現在観測されているように銀河団など天体がうまく形成されるように理論を作ることができます。

実はインフレーション理論は私やグース以後、雨後の筍《たけのこ》のように、ものすごい数の改良モデルが生まれています。ニューインフレーション、ハイブリッドインフレーション、カオティックインフレーション、ブレーンインフレーション……という具合に数十はあるでしょうか。インフレーション理論は宇宙初期のモデルの標準モデルとなってはいるものの、すべての基本的力を統一する究極の統一理論が未完であり、モデルの細かな点は不明なままなのです。したがって、今は「数値を調節してうまく観測に合うようにしている」段階なのです。しかし、いずれ「Q」の値についてもきちんと説明ができる時代が来ると思っています。

第五章　マルチバース

「無数の宇宙」を前提にしたワインバーグの人間原理

第二のインフレーション＝宇宙の加速膨張が、ビッグバンを起こした「第一のインフレーション」と同じ現象なのかどうかは、まだわかりません。膨張してもエネルギーが薄まらないことから、そこに何らかの意味で真空のエネルギーが関わっていることは間違いないと考えられますが、その量が理論的な計算より一二四桁も小さいことはすでにお話ししたとおりです。この謎が解けなければ、ダークエネルギーの正体もわかりません。

第二章で紹介したとおり、スティーブン・ワインバーグは、この謎を「人間原理」で説明しようとしました。人間原理は一九六〇年代にロバート・ディッケが、さらに一九七〇年代にはブランドン・カーターが主張しましたが、ワインバーグの人間原理はその二つと中身が少し違います。あらためて、彼の言葉を見てみましょう。

「宇宙は無数に存在し、それぞれが異なった真空のエネルギー密度を持っている。その中でも、知的生命体が生まれる宇宙のみ認識される。現在の値より大きな値を持つ宇宙では天体の形成が進まず、知的生命体も生まれない。認識される宇宙は今観測されている程度の宇宙のみである」

ディッケとカーターの人間原理は、「ユニバース＝一つの宇宙」を前提にしたものでした。宇宙は人間という知的生命体によって観測されているのだから、人間を生むのに都合のよい条件になっているのが当然だ——彼らの主張は、簡単にいえばそういうことです。もしこの宇宙が人間を生まない条件で作られていれば、誰も宇宙を観測しないので、宇宙の初期条件や物理パラメータが問題になることもありません。要するに、自らを観測する存在が生まれるように宇宙ができているのは、奇跡のような偶然にすぎないということです。

しかし、これはそう簡単に納得できる話ではありません。あまりにも話がうますぎる——そう思うのが、常識的な感覚ではないでしょうか。

一方、ワインバーグの主張した人間原理は、それよりも納得しやすいものになっています。「宇宙は無数に存在する」と語っているとおり、彼は「ユニバース」を前提にしてはいません。「ユニ＝単一の」宇宙ではなく、「マルチ＝多数の」宇宙を前提にしているのです。

さまざまな条件で作られた宇宙が無数に存在するならば、その中に一つぐらい、人間のような知的生命体を生む宇宙があっても不思議ではありません。その点で、ワインバーグの人間原理は誰にでもすんなりと飲み込みやすい中身になっているのです。

思いがけずマルチバースを予言したインフレーション理論

とはいえ、話はそれで終わりではありません。それはそうでしょう。なにしろ私たちに観測できるのは私たちの宇宙だけです（その宇宙にも「地平線」の向こう側に観測できない領域があります）から、「ほかにもたくさん宇宙がある」と言われてもにわかには信じられません。

本当に、私たちの「この宇宙」以外にも無数の宇宙が存在するのか。その「マルチバース」が存在するとすれば、それはどこでどのように広がっているのか。それを明らかにしなければ、ワインバーグの話にも説得力を感じられないのです。

では、宇宙は「ユニ」なのか「マルチ」なのか。

もちろん、これを観測によってたしかめることはできません。もし私たちの知っている宇宙とは様子の異なる「宇宙」が観測によって発見されたとしたら、それは決して「別の宇宙」ではなく、「この宇宙」の中にあるからです。したがって観測という手段では、「ユニバース」という結論しか出ないでしょう。

しかし理論的な研究は話が別です。

これまでも、理論物理学は観測のできていない宇宙の真実を明らかにしてきました。たとえばビッグバンやヒッグス粒子は、観測や実験によってその事実が明らかになる前に、理論的に予言されていたものです。言うまでもなく、私やグースのインフレーション理論もそんな仕事の一つにほかなりません。

そして現在、宇宙が「マルチバース」であることを予言する理論や学説はいくつもあります。そこでここからは、宇宙が一つではないことを示唆する考え方を紹介していくことにしましょう。

最初に取り上げるのは、実は前章でも詳しくお話ししたインフレーション理論です。ここまで説明してきたとおり、これは私たちが暮らす「この宇宙」の謎を解明する理論でした。とくに「平坦性問題」に関しては、この理論によって、人間原理に頼ることなく理解することが可能になったのです。

そんな理論が「ほかの宇宙」の存在を予言すると言われると、何となく違和感を抱く人が多いのではないでしょうか。それも無理はありません。そもそもインフレーション理論を考えた私自身が、その「予言」にひどく戸惑いました。そんな結論を出すことを目的にしていたわけではないのに、理論を突き詰めていくと宇宙がたくさんできてしまうことがわかったからです。

正直に言えば、それに気づいてからは「何か計算ミスをしているのではないか」と暗い心持ちで過ごしました。当時は「マルチバース」などという言葉は存在しませんし、ワインバーグの人間原理もまだ発表されていませんでした。ですから、軽々と「宇宙はたくさんある」などという論文を世に出すことはできない。そのため半年間ほど仲間の研究者たちと議論を重ねました。

外側は収縮しているのに中は膨張するという矛盾

では、インフレーションはなぜ宇宙を「増やす」のでしょうか。

そこでまず重要なのは、インフレーションが宇宙の全域で必ずしも均一には起きないことです。それは、水から氷への相転移を考えればわかるでしょう。

冷凍庫の製氷皿に入れた水は、全体が同時に氷になるわけではありません。そこには時間差があります。あちこちに次々と小さな氷の粒が生じ、それがつながっていくような恰《かっ》好《こう》で、徐々に全体が凍っていきます。

真空の相転移も、それと同じです。宇宙全体の中で、ある領域だけがより速く指数関数的に急膨張をすることもある。そう考えた場合、実に奇妙な現象が起こることに私は気づきました。

たとえば、ある小さな領域の周囲で先にインフレーションが起きたとしましょう。これからインフレーションを起こす領域をA、その周囲をBとします。

さて、Aを取り囲むBの領域はインフレーションを終えて「火の玉」になりました。そこでは、すでに真空のエネルギーが消えて熱エネルギーに変換しています。

では、そのBという領域からAを観察すると、どう見えるか。アインシュタイン方程式で計算すると、周囲からはAの領域が光速で収縮しているように見えます。水と氷の相転移になぞらえるなら、周囲を氷に取り囲まれた水の領域が、氷に浸食されて消えていくような状態です。

これは、おかしな話でしょう。

もちろんAの領域がインフレーションを起こさないなら、それで問題はありません。しかし実際には、その領域も周囲のBから少し遅れてインフレーションを起こしています。周囲からは収縮して消えていくように見えるのに、急膨張している。外側は縮んでいて、もう周囲に広がるスペースはないはずなのに、中の体積は倍々ゲームで増えているのですから、実に矛盾した話です。

私自身、このパラドックスに直面したときは自分の目を疑いました。何か計算間違いをしているのだろう――そう思うのが当たり前です。しかし、いくら計算をやり直しても答えは変わりません。

そこで自分の計算結果を受け入れ、この矛盾を説明するためにたどり着いた結論が「子宇宙」の発生でした。先にインフレーションを終えたBの領域が「親」だとすれば、収縮しながら広がっている不思議なAの領域は「子」。まさに親から子が生まれるように、宇宙が次々と増殖すると考えると、このパラドックスが解消するのです。

「ワームホール」でつながった親宇宙と子宇宙

ここでは、先ほどのAを「偽真空」、Bを「真真空」と呼びましょう。インフレーションを起こして大きく膨張した真真空は、狭い部屋の中で大きく膨らんだ風船のようなイメージです。

その風船がつながった空間が、「私たちの宇宙」だと思ってください。真真空に取り囲まれた偽真空は、風船に押し潰されるようにして、表面積がゼロに近づいていきます。「私たちの宇宙」から見ると、そのように見えるのです。

ところがその偽真空も実はインフレーションを起こしているので、表面積は縮んでいるのに、体積はどんどん増えている。この奇妙な現象は、偽真空が「私たちの宇宙」とは別の宇宙になると考えれば説明がつきます。

私たちの宇宙が「親宇宙」だとすれば、偽真空のほうは「子宇宙」ということになるでしょう。

この親宇宙と子宇宙は、当初、「ワームホール」と呼ばれる虫食い穴のような小さな空間でつながっています。親宇宙からは、このワームホールがブラックホールとして観測されるのですが、実はその向こうで偽真空が急膨張をしているのです。

さらに、その子宇宙の中でも「真真空」と「偽真空」が生まれ、ワームホールができるでしょう。その向こうには孫宇宙が生まれ、その中でも「真真空」と「偽真空」が……という具合に、宇宙が無数に生まれます。

そして、それぞれの宇宙をつないでいたワームホールはいずれ引きちぎれてしまいます。すると、あたかも母と子のヘソの緒が切れたように、お互いに観測することのできない独立した宇宙がたくさん存在することになるのです。

今は仮に最初の親宇宙を「私たちの宇宙」としましたが、現実に私たちが住んでいる宇宙が「子宇宙」なのか「孫宇宙」なのか「ひ孫宇宙」なのかは、もちろんわかりません。どれなのかはわからないけれど、「この宇宙」はそうやって誕生した無数の宇宙の一つにすぎない――それが、インフレーション理論がもたらした結論なのです。

私やグースが一九八二年に発表した後、今日にいたるまで、インフレーション理論にはさまざまなバリエーションが生まれました。マルチバースが生まれる仕組みについても、さまざまな解釈があります。

たとえば、私の友人でもあるウクライナ出身の物理学者アレキサンダー・ビレンケン（一九四九～）は、「ポケット・ユニバース」という宇宙モデルを提唱しました。このモデルには、「ワームホール」が登場しません。そこでは、私の理論で「真真空」と呼んだ部分が泡のようにあちこちに生じます。

その泡同士が十分に離れていれば、合体することなく、それぞれ別々に膨張を続けるでしょう。「親」も「子」もなく、最初から独立した「ポケット・ユニバース」として、多くの宇宙がインフレーションによって生まれるのです。

それ以外にも、インフレーションによって宇宙が多重発生する仕組みについては、いろいろな見解があり、たしかなことはわかっていません。しかしそれらの見解は、少なくとも宇宙が「ユニ」ではなく「マルチ」であることに関しては一致しています。「マルチバース」という考え方自体は、決して突飛なものではなくなっているのです。

素粒子の標準模型を乗り越える「超弦理論」とは何か

マルチバースの存在を予言するのはインフレーション理論だけではありません。宇宙が「この宇宙」だけではないことを示す理論は、宇宙論とは別の分野からも出ています。素粒子論の最先端である「超弦理論」がそれです（「超ひも理論」と呼ばれることもありますが、どちらも同じ「Superstring theory」の訳語です）。

本書ではこれまでも、折に触れて素粒子物理学の話をしてきました。自然界の物質の根源を探り、そこでどのような「力」が働いているのかを突き止めるのが素粒子物理学の大きな目的です。

要するに「自然界の成り立ち」を解明しようとしているのですから、素粒子論が宇宙論とも深く関わるのは当然でしょう。先述したように私自身、インフレーション理論を構築するにあたっては、素粒子物理学のワインバーグ＝サラム理論に大いに助けられました。

その素粒子物理学における現時点での到達点が、ヒッグス粒子の発見によって完成した「標準模型」という理論体系です。相対性理論がほぼアインシュタイン一人の手によって作り上げられたのに対して、この標準模型は世界中の多くの物理学者がさまざまな理論的アイデアを出し、多くの実験によってそれを裏づけながら築き上げられました。湯川秀樹、朝永《ともなが》振一郎（一九〇六〜七九）、南部陽一郎、益川敏英、小林誠（一九四四〜）といった日本のノーベル賞受賞者たちも、この分野で多大な貢献を果たしています。

その標準模型では、この自然界には一七種類の素粒子が存在することがわかっています。陽子や中性子などのバリオンを構成するクォークが六種類、レプトンと呼ばれる電子やニュートリノの仲間が六種類、電磁気力、強い力、弱い力を伝えるボゾンが四種類、そこに「標準模型の最後のピース」だったヒッグス粒子を加えて一七種類です。

では、ヒッグス粒子の発見でこの標準模型が完成したことで、「自然界の成り立ちが完全にわかった」といえるのでしょうか。

もちろん、そんなことはありません。

まず、ここに「重力」が含まれていないことはすぐにおわかりでしょう。力を伝える素粒子が四種類あるので、それが「四つの力」に対応していると思う人もいるかもしれませんが、そこに重力を伝える「重力子」は入っていません。

標準模型に含まれる四種類のボゾンは、電磁気力を伝える光子、強い力を伝えるグルーオン、弱い力を伝えるWボゾンとZボゾンの四つです。重力子は、理論的に存在が予言されているだけで、まだ発見はされていません。そもそも標準模型は、重力を除く「三つの力」の働きを解明するのが主目的だったのです。

しかし、物理学の究極の目的は「四つの力」を統一して同じ理論で説明することですから、その点だけ見ても、標準理論が最終的な答えではないのは明らかでしょう。電磁気力と弱い力はワインバーグ＝サラム理論で統一されましたが、そこに強い力を合わせた「大統一理論」もまだ完成していません。

素粒子はすべて一次元の「弦」でできている

さらに、それが「物質の根源」だというには、素粒子の種類が多すぎます。

たとえば、かつて物質の根源（＝素粒子）だと考えられていた「原子」は、元素の種類があまりにも多いことから、「より根源的な素粒子があるはずだ」と考えられるようになりました。それと同様、一七種類の素粒子にも「もっと深い根っこがあるに違いない」と思われているのです。

また、標準理論には暗黒物質も含まれていません。原子でできた物質の五倍もある物質を脇に置いているのですから、自然界の成り立ちがすべてわかったなどといえるわけがないのです。

では、標準模型の奥底にはどんな「根っこ」が隠れているのか。それを解明する理論としてもっとも有望視されているのが、超弦理論です。それが解明されれば、暗黒物質も同じ枠組みの中で説明できるでしょう。さらにいえば、超弦理論は重力を加えた「四つの力」を統一する可能性をも秘めています。だからこそ、素粒子物理学の「最先端」にあるといえるわけです。

超弦理論では、これまで「点」だと考えられていた素粒子が、より根源的には一次元の「弦」でできていると考えます。標準模型に含まれる一七種類の素粒子は質量や電荷やスピン（角運動量）などそれぞれ固有のパラメータを持っていますが、こちらは輪ゴムのように「閉じた弦」と両端のある「開いた弦」の二種類です。

ただし、それはさまざまなパターンで振動します。ちょうどバイオリンの弦が振動の仕方によって音程や音色を変えるのと同じように、「弦」も振動によって姿が変わる。同じ弦が、電子になったり光子になったりクォークになったりするわけです。

このアイデアを基本とした理論は、もともと「弦理論」と呼ばれていました。それが「超弦理論」になったのは、「超対称」という対称を含むように拡張されたからです。そうすると、従来の標準模型には含まれない「超対称性粒子」が存在するようになります。

超対称性粒子とは、標準模型の素粒子すべてに存在するパートナーのような素粒子のこと。それが存在すれば、素粒子の種類は倍増することになります。

現在の標準模型では、電子やクォークなど物質を構成する素粒子（フェルミオンといいます）と、力を伝える光子やグルーオンなどのボゾンを別々の理論で説明しています。しかし、もし理論的な予言どおりに超対称性粒子が存在すると、その両者を理論的に区別せずに扱えるようになる。どちらも同じ「弦」という根っこによって、理解できるようになるのです。

ちなみに、世界各国で探索が続いている暗黒物質は、この超対称性粒子の一つではないかと予想されています。したがって暗黒物質が検出された場合、それは宇宙の構造に大きな影響を与えた「謎の重力源」の正体を明らかにするだけではなく、超弦理論の正しさを裏づけることになるかもしれません。宇宙論にとっても、素粒子論にとっても、暗黒物質の研究はきわめて重要な意味を持っているのです。

九次元か一〇次元の空間に浮かぶ三次元の膜宇宙

さて、超弦理論の考える「弦」には、私たちの常識を超える性質があります。私たちは縦・横・高さで位置の決まる三次元空間で暮らしていると思っていますが、弦はそうではありません。九次元もしくは一〇次元の空間に存在すると考えられています。それが物質の根源なのですから、私たちの住む世界にはそれだけ多くの次元があるということです。

これは一体、どういうことでしょうか。次元が一つ多い四次元空間でさえ、私たちにはそんな方向がどこにあるのかわかりません。ところが超弦理論は、そんな余剰次元が六つか七つもあるというのです。

しかし、私たちはその余剰次元を実感することができません。それは、平面の二次元空間で暮らしている人のことを想像すればわかるでしょう。

二次元空間の住人に世界がどのように見えるかは、まず私たちが三次元空間で物をどのように見ているかを考えればわかります。私たちの目に映るのは写真のような二次元の平面ですが、私たちはそれに「奥行き」を感じて、三次元の立体だと認識できる。ならば、一つ次元の少ない二次元空間の住人は、一次元の線を見てそれを二次元の平面だと認識できるでしょう。一本の線を見て、それが「上」から見てどんな形をしているのかがわかるわけです。

では、そんな二次元の世界に「上空」から三次元の球が降りてきたら、どのように見えるでしょうか。平面しか見えない人々には、それが立体だとは感じられません。「上」から降りてきた球は、二次元の平面に接地した瞬間に「点」として認識されます。そのまま球が平面を通り抜けて「下」に向かうとすると、「点」が徐々に長さを持つ「線」になる。これは、二次元世界の住人に「円」として認識されるはずです（私たちが写真のサッカーボールを「球」だと認識するのと同じです）。その「線」が球の直径まで長くなると、次の瞬間、こんどはそれが逆に短くなっていくでしょう。最後は再び「点」になって、平面の世界から消え去るわけです。

ですから、もし四次元の世界から「球体」のようなものが私たちの世界に出現したら、まず「点」が現れ、それが次第に「球」になっていくでしょう。そして直径を超えると徐々に萎《しぼ》んでいき、最後は消え去る。同じようなことが、五次元、六次元、七次元……の空間でも起きるに違いありません。見えない余剰次元とは、そのように想像するしかない空間なのです。

ともあれ、その超弦理論からは、十数年前に「膜宇宙（ブレーン宇宙）」という考え方が登場しました。

その理論によれば、私たちの宇宙は三次元の「膜」のようなもので、それが九次元か一〇次元まである空間に存在しています。イメージしにくい話ですが、二次元の膜が三次元空間に浮かんでいる様子を考えればいいでしょう。その「二次元膜宇宙」の住人は、もう一つある余剰次元を観測することができません。

膜宇宙論では、電子やクォークや光子などの素粒子は「開いた弦」であり、その端が三次元の膜にくっついていると考えます。位置を固定されているわけではないので、三次元空間の中ではすべるように移動することができますが、余剰次元の方向には出ていくこと

膜宇宙のイメージ

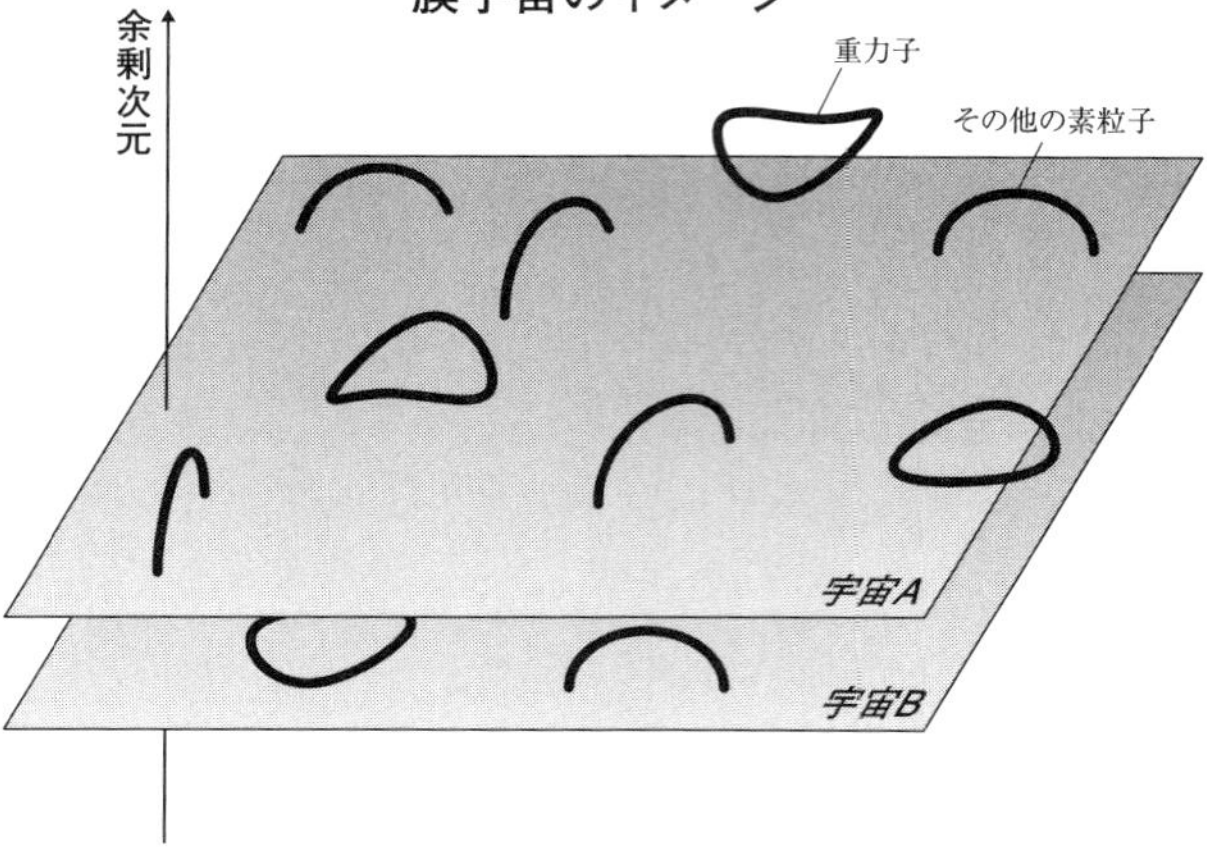

ができません。

ただし、その中に一つだけ例外があります。それは、重力を伝える重力子です。

この重力子は「閉じた弦」になっており、端が三次元の膜にくっついていないので、図のように余剰次元とのあいだで出入りすることができます。だとすれば、重力がほかの「三つの力」と比べて桁外れに弱いことも説明がつくでしょう。電磁気力、強い力、弱い力を伝える素粒子は三次元の膜に閉じ込められているのに対して、重力は余剰次元のほうにも漏れ出します。このように重力はもともと高い次元での力ですが、三次元の膜宇宙ではアインシュタインの重力場の式で、ほぼ記述されることを京都大学の白水《しろみず》徹也（一九六九〜）准教授らが示しました。ほぼというのは、膜宇宙での重力の方程式には、アインシュタインの重力場の式に「補正項」が付け加わっているからです。この補正項は小さな値なので、普通は、膜宇宙でも、実質アインシュタインの重力場の式を用いて構いません。ただし、宇宙のきわめて初期を考えると違いが出てきます。そして、もし、その違いが観測でわかるなら、私たちの住んでいる宇宙が膜宇宙である証拠となるかもしれません。

「カラビ＝ヤオ空間」にくっついた多数の膜宇宙

では、私たちが住む膜宇宙の「外側」は一体どのような空間になっているのでしょう。それを数学的に示したのが、「カラビ＝ヤオ空間」と呼ばれる複雑な構造です。数式で表現する以外に説明しようのない空間ですが、このカラビ＝ヤオ空間につながっている膜宇宙は私たちの三次元宇宙だけではありません。その内部空間のほかのところにも、別の膜宇宙がつながっていると考えられているのです。

アメリカの素粒子研究者レオナルド・サスキンド（一九四〇〜）によれば、カラビ＝ヤオ空間につながる複数の膜宇宙の中には、私たちの膜宇宙と成り立ちの異なるものがたくさん存在します。電磁気力や素粒子の質量などの物理パラメータが違うだけではありません。次元も三つとはかぎらないので、「四次元膜宇宙」や「五次元膜宇宙」なども数学的には存在が可能だと言います。

しかも、その多様な宇宙の可能性は、一〇の二〇〇乗もあるというのですから、驚かざるを得ません。それが、超弦理論から予想される「マルチバース」なのです。

もしそれが本当だとしたら、第三章で紹介したマーティン・リースの『宇宙を支配する6つの数』など、単に私たちの三次元膜宇宙を支配しているだけにすぎません。カラビ＝ヤオ空間全体で考えれば、宇宙を支配する数は「何でもアリ」ということになるでしょう。その「何でもアリ」のマルチバースの中で、たまたま私たちの三次元膜宇宙に生命体が生まれたわけです。ちなみに、超弦理論でのマルチバースは、互いの宇宙がまったく独立で因果関係も持てない膜宇宙から構成されているわけではありません。前の節で紹介したように重力は膜宇宙から漏れ出します。つまり重力の波、重力波は隣の膜宇宙に届くのです。もし隣の膜宇宙にも知的生命体が存在するなら重力波通信で、互いの宇宙を知らせ合うこともできるかもしれません。

サスキンドは今後、カラビ＝ヤオ空間にくっついている膜宇宙はどのような構造になっているのかを表す鳥瞰図《ちょうかんず》を描くことを大きな目標にしていると言います。一体どんな図になるのか、想像がつきません。

ちなみに私は、その話を聞くと、ふと仏教の「三千大千世界」という世界観を想起してしまいます。仏教には、須弥山《しゅみせん》を中心とする世界が千個集まった「小千世界」があり、その小千世界が千個で「中千世界」、中千世界が千個で「大千世界」を形作っているという宇宙論があるのです。そして、その三千大千世界にガンジス川の砂粒の数ほどの仏様が存在する。この仏様を「物理法則」に置き換えると、まさに多様な法則を持つカラビ＝ヤオ空間の膜宇宙のようなイメージになるのです。

古典力学の常識を覆した量子力学の世界

次に、超弦理論とは別の視点から考えられているマルチバース論を紹介しましょう。順番が逆になりましたが、超弦理論のマルチバースより、こちらのほうが古い歴史があります。それは、量子力学における「多世界解釈」という立場から出てくる考え方です。

量子力学は、アインシュタインの相対性理論と並ぶ二本柱の一つとして、二〇世紀の物理学を支えてきました。重力が支配するマクロな世界を扱う上で欠かせないのが相対論、素粒子が飛び交うミクロな世界を扱うのに欠かせないのが量子論です。

したがって、先ほどの超弦理論とも無関係なものではありません。相対論と量子論の矛盾を解消し、両者を統合する可能性を秘めているのが、超弦理論なのです。

前に、あらゆる粒子は「波」と「粒」の性質を併せ持っているという話をしました。その発見から始まったのが、量子力学です。本書は量子力学の解説書ではないので、それについて詳しく知りたい方は、拙著『量子論がみるみるわかる本』(PHP研究所)などの入門書を読んでください。ともかく量子力学は、それまでの古典力学における常識をさまざまな形で覆しました。

とくに重要なのは、「物理的な変化は計算で確定的に予測できない」とした点です。

ニュートン力学では、たとえば大砲の弾を撃った場合、その角度や重さなどがわかっていれば、着弾点を計算によって予測できます。ところがミクロの世界を扱う量子力学では、光子や電子の運動を計算で予測することができません。質量や速度などがわかっていても、その行き先は確率的にしか求められない。実際に観測して初めて、その粒子が「ここにある」といえるのです。

そんな量子力学の不思議な世界を伝えるのにしばしば取り上げられるのが、「シュレディンガーの猫」という有名な思考実験です。

蓋《ふた》のある箱に一匹の猫を入れ、そこに放射性物質とガイガーカウンター、青酸ガス発生装置を入れて蓋を閉じる。放射性物質からガンマ線が出ればガイガーカウンターが反応し、それにつながった青酸ガス発生装置が作動するので、猫は死にます。ガンマ線が出なければ、猫は生きている。ある時間までにガンマ線が出る確率は、五〇％とします。

ではこのとき、この猫の生死を蓋を閉じたままで予測できるかどうか——それがこの思考実験の問題です。波動力学の完成によって量子力学の構築に大きな貢献を果たしたオーストリアの理論物理学者エルヴィン・シュレディンガー（一八八七〜一九六一）が考案したので、その名で呼ばれるようになりました。

あらゆる事象は分裂して「多世界」で続いてゆく

ガンマ線の出る確率が五〇%である以上、蓋を開けてみなければ猫の生死はわかりません。蓋の閉まった状態では、「生きているか死んでいるかのどちらかだ」と答えるのが常識というものでしょう。

しかし量子力学では、それを「箱の中の猫は生と死が半々で重なり合っている」と解釈します。それに異を唱える研究者もいるのですが、その解釈では、蓋を開けて観測するまでは生が五〇%、死が五〇%だとしか言いません。常識的には「一〇〇%の生」か「一〇〇%の死」のどちらかだと考えますが、量子力学では「観測するまでは確率的にしか言えない」と考えるのです。

量子論におけるマルチバースは、このような考え方から生まれました。「多世界解釈」と呼ばれるものです。

先ほどの思考実験では「生きた猫」と「死んだ猫」が半々で重なり合っていると考えました。ところが多世界解釈では、そこで世界が二つに分裂すると考えます。猫が生きている世界と、猫が死んだ世界に分かれて、その世界がそれぞれ続いていくのです。

何をバカなことを……と思うかもしれませんが、この解釈によれば、世界が分裂するのは「シュレディンガーの猫」のような特別な状況だけではありません。「次に何が起こるか」はすべて確率でしか決められないので、あらゆる物事はさまざまな可能性が重なり合った状態になっている。それが、すべて分裂して別の世界になるのです。

たとえばあなたは今この本を手に取って読んでいますが、多世界解釈によれば、ページをめくるたびに、「次を読み進むあなた」と「そこで読むのをやめたあなた」が分裂します。それ以前に、「次はどう書き進めようか」と迷いながらこの本の原稿を書いている私もいちいち分裂しますから、多世界では本書の別バージョンが山ほど出回っているでしょう。そして、それぞれのバージョンについて、読んでいるあなた、途中まで読んだあなた、何ヶ月も積《つ》ん読《どく》にしているあなた……などが分裂して世界を増殖させているのです。

超弦理論のマルチバースとは違い、これはいわゆる「パラレルワールド」の宇宙観だと言うことができます。

とはいえ、どの世界にも「あなた」や「私」がいるわけではありません。宇宙が誕生した瞬間から世界の「枝分かれ」は始まっていますから、初期条件や物理定数などが少しずつ異なる宇宙もたくさん存在するでしょう。したがって、星も銀河も人間も存在しない宇宙が、どこかで無数に生まれたり潰れたりしていることになるのです。

多世界解釈では「親殺しのパラドックス」が解消される?

ところで、この多世界解釈を採用すると、タイムマシンに関して面白い考え方が成り立ちます。論理のお遊びのような話ですが、紹介しておきましょう。

SF作品には当たり前のように登場するタイムマシンですが、それが現実に可能かどうかについては、さまざまな議論があります。物理学では時間が過去から未来に向かって一方向に流れることを大前提にしているので、因果律を破るタイムマシンはそう簡単に認められません。二〇一一年にはCERNで「超光速ニュートリノ」が検出された可能性があると発表され、「これが事実ならタイムマシンも可能になる」などとマスコミで報じられましたが、後にそれは実験装置の不具合による間違いだとわかりました。

因果律とは、ある事象にはそれより前に原因となる事象があるという原則です。それが破れるとなると、さまざまな矛盾が生じる。それを示してタイムマシンを否定する有名な話が、いわゆる「親殺しのパラドックス」です。

もしタイムマシンがあったら、過去の世界に行って、自分を産む前の母親を殺すことも可能になるでしょう。しかし、そうなるとその女性は子を産まないので、その殺人者は存在できません。したがって、過去に行って殺人を犯すこともできない。このような矛盾が起きるから、タイムマシンなどできるはずがない——という結論になるわけです。

ちなみに、これはかなり残酷なたとえ話なので、「おじいさんのパラドックス」という別バージョンもあります。女の子がタイムマシンに乗って過去に行き、自分のおじいさんが結婚するのを邪魔してしまう。すると女の子のお母さんも生まれないので、その女の子も生まれない、というストーリーです。いずれにしろ、「過去を改変すると現在とのあいだで矛盾が生じる」という点に変わりはありません。

このように考えてタイムマシンを否定するのは、きわめて常識的だと言えるでしょう。私自身、因果律を破るタイムマシンは不可能だと信じています。

しかし、もし量子力学の多世界解釈が正しいとすると、理屈の上ではそうとも言いきれません。世界が分裂してパラレルワールドが生じるなら、「親殺しのパラドックス」が解消するという考え方があるのです。

それを指摘したのは、量子コンピュータの研究などで知られるイギリスの物理学者デビッド・ドイッチュ（一九五三〜）でした。その理屈とは、こういうものです。

仮にタイムマシンが存在して、過去に行けた場合、その行き先は自分の住んでいる宇宙と同じ宇宙ではないかもしれません。多世界解釈によれば宇宙は無限に存在しますから、別の宇宙にタイムスリップする可能性もあるでしょう。そこで自分の母親になるはずの女性を殺したとしても、まさにシュレディンガーの猫が半分は生きているように、そこで世界が分裂して、別の宇宙でその女性は生きています。そちらの世界では子を産むのだから、その殺人者もちゃんと現在に存在できるのです。

あくまでも理屈の上の話であって、ドイッチュも本気でそんなことが可能だと言いたいわけではないでしょう。量子力学の面白さを伝えるのが、こんなことを言い出した目的だろうと思います。

とはいえ、まったくあり得ない話だと断言することもできません。マルチバース論は、私たちの世界観を大きく揺さぶるものなのです。

四二〇億光年より向こうを「別の宇宙」と考えるテグマークの並行宇宙論

最後にもう一つ、多世界解釈とは別の観点から「パラレルワールド」を予想する考え方を紹介しておきましょう。アメリカのマックス・テグマーク（一九六七〜）が提唱する「並行宇宙」の考え方です。

その発想は、これまで挙げてきたマルチバースのように複雑なものではありません。ある意味で、宇宙の「定義」を見直すようなものだと言えるでしょう。テグマークは、「因果関係を持てる空間だけを同じ宇宙だと考えよう」と言っています。

前に、光の届かない「事象の地平線」より向こうの空間とは因果関係を持つことができない、という話をしました。その場所は時空がつながっていても、情報や物質をやり取りすることができません。

では、現在の宇宙で私たちが因果関係を持てるのはどこまでなのか。テグマークによれば、その領域は差し渡し四二〇億光年程度です。つまり、私たちは四二〇億光年先までの光は見ることができるということになります。

　これを聞いて、違和感を抱いた人もいるでしょう。宇宙の年齢は、一三七億年だからです。私たちが見ることのできる「最古の光」は宇宙の晴れ上がりと同時に直進したCMBですから、それは一三七億光年先に見えるはずでしょう。

　しかし、それを考えるときには、宇宙が膨張していることを計算に入れなければいけません。一三七億年かけて光が飛んでいるあいだに、その空間は広がっているので、距離は伸びている。それを含めて計算すると、一三七億年前に出た光は、四二〇億光年先まで遠ざかっていることになるのです。

　テグマークは、この四二〇億光年の幅を持つ空間が「私たちの宇宙」だと考えました。それより遠い場所は、空間的にはつながっているものの、因果関係を持つことができないのだから「別の宇宙」と考えてよいのではないかと言うのです。

　宇宙の広がりに思いを馳せたとき、誰しも一度は「その外側には何があるのだろう」と考えたことがあるでしょう。テグマークに言わせれば、私たちの宇宙は四二〇億光年先まででで、その「外側」には同じような宇宙がたくさんあります。

並行宇宙論

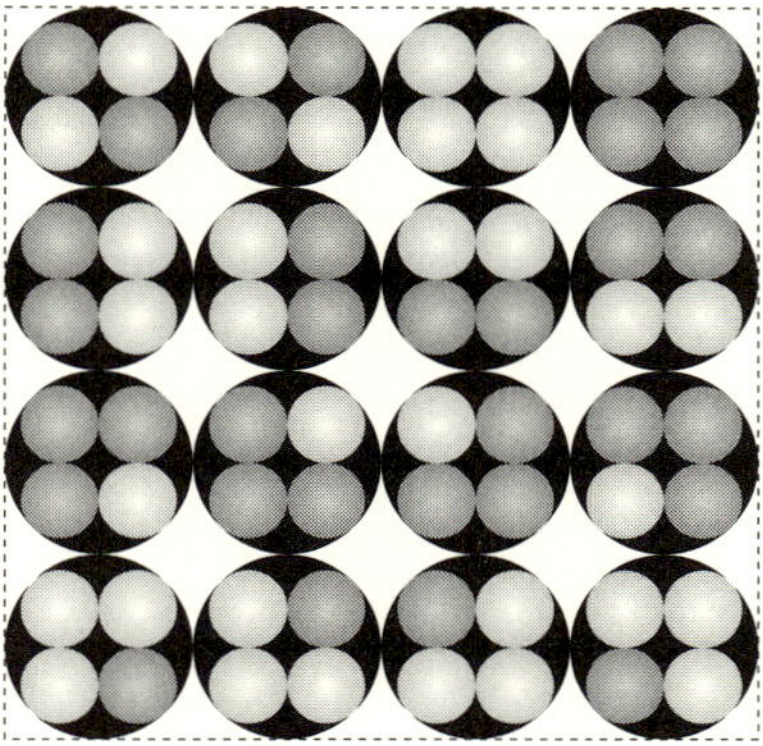

それだけではありません。テグマークの仮説が何よりもユニークなのは、その因果関係を持てない無数の宇宙の中に、「この宇宙」とまったく同じ宇宙があるだろうと考えたところです。

その考えを理解するために、まず四個の粒子だけを配置できるスポットがある二次元の宇宙を仮定してみましょう。つまり、コンピュータの情報量の単位でいえば4ビットの宇宙です。図のように、それが同じ空間の中で無数に並んでいるとします。それぞれの宇宙で黒か白かの四個の粒子を並べるパターンは、二の四乗ですから一六通り。したがって、一六個より多く宇宙が存在すれば、まったく同じ並び方の宇宙がひと組は必ず存在することになります。宇宙の数が増えれば増えるほど、その確率は高まるでしょう。また、同じパターンで粒子が配置されている「並行宇宙」までの最短距離は、それぞれの宇宙の直径のおよそ四倍になります。

では、この理屈を現実の宇宙に当てはめると、どうなるか。

テグマークの計算によると、差し渡し四二〇億光年の私たちの宇宙には、10^{118}個の素粒子が入るだけの空間があります。その並べ方のパターンは、二×一〇の一一八乗通り。ざっと一〇×一〇の一一八乗通りと考えていいでしょう。

そのうちの一つが、現在、私たちが住んでいる宇宙の様子にほかなりません。この宇宙の物質はすべて素粒子でできていますから、それを並べることで、星や銀河や私やあなたやこの本などになっているのです。

先ほどの簡素なモデルでは、粒子の配置パターンが一六通りなので、一六個より多く宇宙があれば「並行宇宙」が存在しました。それと同じように考えるなら、お互いに因果関係を持てない宇宙が一〇×一〇の一一八乗個より多くあれば、私たちの宇宙とまったく同じように素粒子が配置された宇宙が少なくとも一つはあることになります。

素粒子がまったく同じように並んでいるのですから、その宇宙には、今のあなたとまったく同じようにこの本を読んでいる「別のあなた」がいるでしょう。限りなくSFに近い話ですが、こういう仮説が真面目に議論されているあたりが、宇宙論の面白いところだといえるかもしれません。

第六章　人間原理をどう考えるのか

地球と似た環境の太陽系外惑星はどれだけ存在するか

万有引力の法則を発見したニュートンが、天上と地上が同じ世界であることを明らかにして以来、人類は「自分たちの暮らす宇宙」のことを知ろうと努力してきました。その範囲は、空間的にも時間的にも大きく広がっています。私たちは現在、四二〇億光年の距離まで広がった空間を「自分たちの宇宙」と認識し、一三七億年前の起源に迫ろうとしているのです。さらには、その「外側」にあるかもしれない別の宇宙のことまで考え始めている。それを観測することはできませんが、マルチバースに関してさまざまな学説があるのは、これまで述べてきたとおりです。

そして、この宇宙について多くのことがわかるにしたがって、私たちの探求心や好奇心は自分自身にも向けられるようになりました。

宇宙にはさまざまな謎がありますが、それを解き明かしていくと、やがて自分たち人間のほうが宇宙よりも謎めいた存在のように思えてきます。宇宙には多様な形があり得るのに、自分たち人間はきわめてかぎられた条件の中でしか存在できないからです。

実際、生命体はどんな環境でも生まれるわけではありません。いろいろな環境因子が揃ったときに初めて、生命という不思議な現象が成立します。

私たちの地球には、その環境因子が揃っていました。太陽からの距離や地球の質量などが違っていたら、生命は誕生しなかったか、誕生したとしても人間にまで進化することはなかったでしょう。水が液体の状態で存在できる温度が保たれ、しかも水や空気が宇宙空間に逃げ出さないだけの重力を持つ惑星でなければ、生命は生まれません。

地球があまりにも絶妙な条件下に置かれている——まさに「ファイン・チューニング」されている——ように見えるので、私たちは時として、自分たちの存在をある種の奇跡のように感じることがあります。それはちょうど、宇宙に星や銀河が生まれたのが奇跡のように思えるのと同じでしょう。

しかし、そのような環境因子を持つ惑星が地球のほかにないとはかぎりません。惑星といえば、かつては太陽系でしか観測されませんでしたが、今は違います。初めて太陽系外の惑星が発見されたのは、一九九五年のこと。ジュネーブ天文台のミシェル・マイヨール（一九四二〜）、ディディエル・クエロッツ（一九六六〜）らが、ペガサス座五一番星に惑星を発見しました。それ以来、太陽系外の惑星が次々と見つかり、その数はすでに三〇〇〇個に達しています。

もちろん、太陽系の八惑星の中でも生命が確認されているのは地球だけですから、発見された惑星すべてが生命に必要な環境因子を持っているわけではありません。しかし今のところ、三〇〇〇個のうち五〇個ぐらいは、水が液体で存在できる「ハビタブルゾーン(生命居住可能領域)」にあり、質量も地球と同程度と見られています。だとすれば、それらの惑星に生命体が存在する可能性はあるでしょう。

光のスペクトルで探す「生命の痕跡」

太陽系外の惑星が発見されたことを受けて、そこに生命の痕跡を探すためのアイデアも検討されています。たとえば、植物の光合成に欠かせない「葉緑体」の有無を調べるのもその一つ。葉緑体があれば植物が存在し、植物が存在すればそれを食べる動物もいる可能性が出てくるわけです。

では、はるか遠い太陽系外惑星に葉緑体があるかどうかをどうやって調べるのか。そこで利用するのは、「光のスペクトル」です。

プリズムに光を通して虹を作る実験は、誰でも小学生時代にやったことがあるでしょう。光は、プリズムのような分光器にかけると波長ごとに分かれます。このスペクトルは、これまでも天体の観測で重要な役割を果たしてきました。というのも、原子には光を吸収する性質があり、どの波長を吸収するかは原子の種類（元素）によって異なります。天体からの光を分光器にかけると、吸収された波長が黒い線となってスペクトルに現れるので、これを分析すればその天体にどんな元素が存在するのかがわかるのです。たとえば太陽が何で構成されているのかも、この方法で突き止められました。

そして、元素ではない葉緑体にも、それと同じような性質があることがわかっています。ある波長の光を吸収するので、葉緑体があるとその部分のスペクトルが変化する。この性質を利用すれば、惑星に葉緑体があるかどうかがわかるのではないかと考えられているのです。

ただし、これは容易な観測ではありません。太陽系外惑星は地球から遠い上に、そもそも惑星は自ら光を発しないからです。したがって、主星（地球にとっての太陽のような星）

の光を反射したものをキャッチするしかないわけですが、近くにある主星の光が強いので、そのまわりを回っている惑星の光を判別するのは難しい。そのため、まだこの観測を行っているところはありません。しかし観測技術がさらに進歩すれば、いずれ「葉緑体のある太陽系外惑星」が発見されるのではないかと思います。

地球外に知的生命体は存在するか

もちろん、仮に地球以外の惑星に生命体が存在したとしても、それが人間のような知的生命体にまで進化できるかどうかはわかりません。

地球上でも、その進化には膨大な時間がかかりました。最初の単細胞生物が登場したのは、およそ三八億年前です。地球が誕生してから八億年ほど経っていました。それが多細胞生物に進化するまでに、三〇億年ほどかかっています。単細胞から多細胞への進化はきわめて難しく、それがなぜ起きたのかはいまだにはっきりとわかっていません。

その後、五億年ほど前の「カンブリアの大爆発」と呼ばれる同時多発的な大進化によって生物のボディプラン（体制）は一気に多様化しましたが、哺乳類が隆盛を誇るのはそれよりもずっと後のこと。爬虫類《はちゅうるい》（恐竜）の全盛時代を経て、類人猿との共通の祖先から人類が枝分かれしたのは、五〇〇万年ほど前のことです。私たちホモ・サピエンスにかぎれば、その歴史は一〇万年から一五万年程度しかありません。惑星が知的生命体を生むには、それだけの時間が必要なのです。

しかし宇宙には、観測できる範囲だけでも一七〇〇億個もの銀河があり、その中には一〇〇兆個もの星を含む巨大な銀河もあります。ハビタブルゾーンにある惑星が実際にはどれだけあるのか、見当もつきません。

その中には、生命が存在できる環境が地球のように四〇億年近く続いている惑星もたくさんあるでしょう。だとすれば、その惑星で単細胞生物が知的生命体にまで進化している可能性はかなり高いだろうと思います。

もっとも、これに関しては、物理学者と生物学者のあいだに見解の相違があるのも事実です。私たち物理学者は単純に「惑星の数が多ければ多いほど知的生命体は存在しやすい」と確率の問題として考えますが、生物学者は現実に存在する地球の生物を前提にするので、そう簡単に生命が生まれて進化するとは考えません。

そもそも、地球でどのように生命が始まったのかもわかっていないのです。物理学者は「炭素など必要な材料があれば生命体はできる」と考えますが、実験室でそれに成功した生物学者はまだいません。

単細胞生物を作るだけでも大変なのですから、それが多細胞生物に進化するとなると、単に確率の問題で「数撃ちゃ当たる」という話で片づけられるものでもないでしょう。もしかすると生命とは、たまたまこの地球でさまざまな偶然が重なったために生じた「宇宙で唯一の奇跡」なのかもしれません。

しかし私は、広い宇宙はもちろん、この天の川銀河の中だけでも多くの知的生命体がいると思っています。それに対しては、「もしそうなら、高度な文明を持つ宇宙人が地球を訪問しているはずだ」という反論もないわけではありません。

この矛盾は、放射性元素の発見など原子核物理学の研究でノーベル賞も受賞した著名な物理学者エンリコ・フェルミ(一九〇一~五四)が最初に指摘しました。地球外にも知的生命体がいる可能性が高いのに、その文明と地球人が接触した痕跡がないのはなぜか——という問題で、「フェルミのパラドックス」と呼ばれています。

これに対しては、「宇宙人はすでに地球に来ているが地球人には検出できない」「技術的に困難」など、過去にさまざまな仮説が考えられてきました。なかには、「知的生命体はある程度まで文明が発達すると、宇宙旅行ができるようになる前に、核戦争や環境破壊などで滅亡してしまう」と言う人もいます。第二次世界大戦中にアメリカの原爆開発プロジェクト「マンハッタン計画」でも中心的な役割をはたしたフェルミが、この仮説をどう考えるかは定かではありません。

いずれにせよ、地球外生命の探索は今後の大きなテーマでしょう。その研究には、天文学、物理学、生物学などが学際的に協力することが求められます。ちなみに私が機構長を務める自然科学研究機構の傘下には、天文台から基礎生物研究所まで幅広い研究機関が揃っていますから、これからは地球外生命の研究も新しい分野として推し進めていかなければいけません。

「この宇宙」はありふれた存在なのか、特別な存在なのか

先ほど、地球外生命に関する物理学者と生物学者の見解の相違を紹介しました。地球と

同じ環境因子が揃えば生命は存在すると考える物理学者は、生命を宇宙における「ありふれた存在」だと見ています。一方、「そう簡単に生物は作れない」と考える生物学者は、地球上の生命を宇宙における「特別な存在」と見なしているわけです。

その二つの見方は、私たちが住む「この宇宙」に対しても成り立つでしょう。星や銀河や知的生命体を生み出したこの宇宙は、「ありふれた存在」なのか、それとも「特別な存在」なのか。宇宙が「ユニバース」ではなく「マルチバース」なのだとすれば、どちらもあり得ることになるのです。

宇宙が無数に存在する（マルチバース）ならば、私たちを生んだ宇宙は「特別な存在」だろうと思う人が多いでしょう。ほかの宇宙は初期条件や物理定数などが異なるので、星や銀河を生むような環境因子を持っていない。たまたま偶然が重なって地球に知的生命体が誕生したのと同じように、この宇宙にもたまたま星や銀河が生まれただけだ――というわけです。

これが、第二章で紹介したワインバーグの人間原理にほかなりません。

それ以前の人間原理は、マルチバースを前提としないものでした。平坦性問題をはじめとする宇宙の初期条件やさまざまな物理定数などは、観測者としての人間が存在することで条件づけられている。人間が生まれない宇宙は人間に観測されないのだから、「観測される宇宙」が人間を生むのに都合よくできているのは当たり前だ——というわけです。

ワインバーグの人間原理も、基本的にはそれと同じです。しかしマルチバースを前提にしている分、より説得力があるといえるでしょう。たった一つの「ユニバース」がたまたま人間に都合よくできているとなると何やら神秘的なものを感じてしまいますが、無数にある「マルチバース」の中に人間を生む特別な宇宙があるとなれば、「そういうこともあるだろうな」と思える人が多いだろうと思います。

しかし、それが「コペルニクス原理」に反するものであることに変わりはありません。第三章で述べたことのくり返しになりますが、コペルニクスの地動説から始まった科学の精神は、あらゆる自然現象は普遍的な原理、物理法則にしたがって起こると考えます。自分たち人間や、地球や、この宇宙が「特別な存在」だとは考えません。

現に、多くの物理学者たちが、この自然界を支配する普遍的な原理を求めて研究を続けています。もし自然界の法則や定数が人間原理で決まっていると結論づけられたなら、その研究に対する意欲は大幅に失われるでしょう。仮にこの地球に人間が誕生しておらず、この宇宙を観測する存在がなかったとしても、現在の宇宙を成り立たせている普遍的な基本原理は存在する。そういう信念に基づいて、私たちは真理を追究しています。人間原理は、その科学の精神を否定するものだとさえいえるでしょう。

インフレーション理論が予言するマルチバースはどれも同じ?

それに、仮にマルチバースが存在したとしても、私たちの宇宙がその中で「特別な存在」になるとはかぎりません。

もし無数に存在する宇宙がそれぞれ異なる初期条件や物理定数を持っているなら、たしかに「この宇宙」は人間を生む条件を備えた特別な存在だといえるでしょう。しかし実は、すべてのマルチバース論がそれを示唆しているわけではありません。たしかに宇宙は無数に生まれるけれど、どの宇宙もおおむね同じような条件になっていると考えるマルチバース論もあるのです。

私やグースが考えた原初インフレーション理論から予想される無数の「子宇宙」「孫宇

大統一理論：SU（5）からの相転移

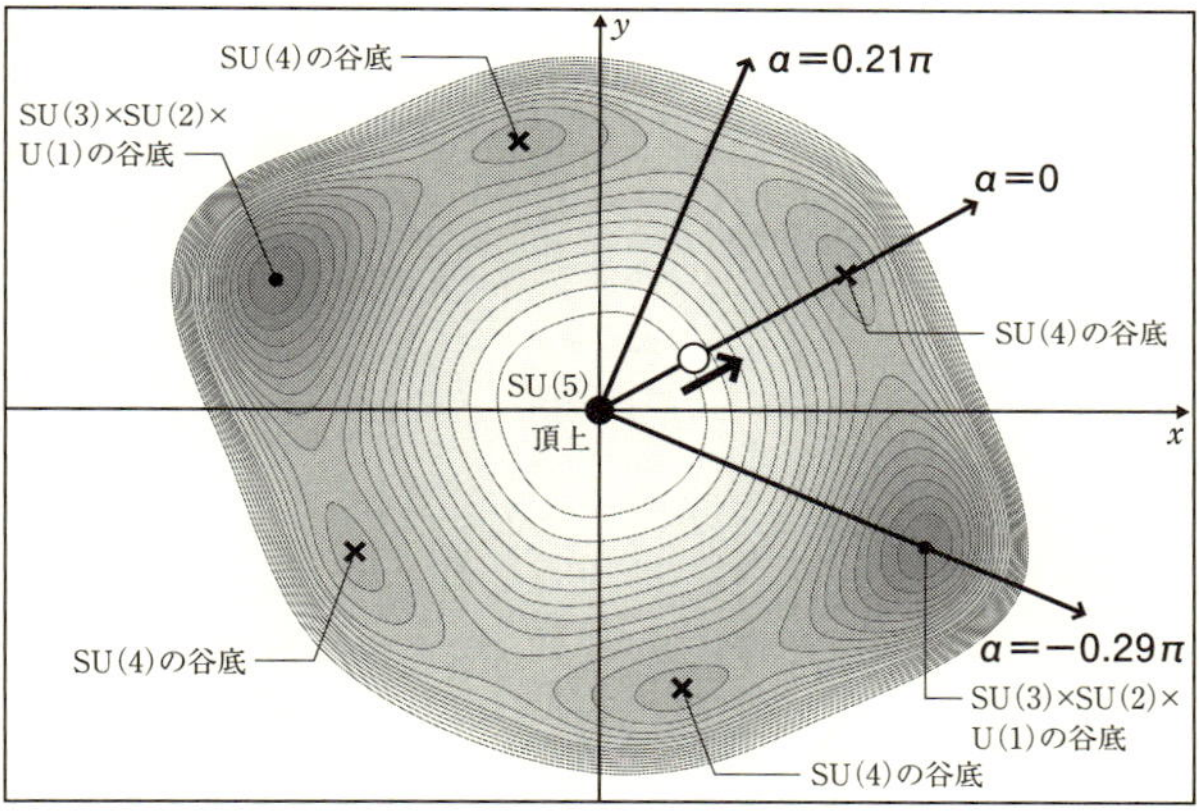

宙」は、基本的な物理法則や物理定数が「親宇宙」と同じになるはずなのです。

ここで、「SU（5）からの相転移」という図を見ていただきましょう。SU（5）とは、強い力が電弱力と枝分かれする前の状態だと思ってください。この図では、その頂上から外側に向かってエネルギーが減っていく様子を等高線のように描いています。

では、SU（5）の状態で真空の相転移が起きると、どうなるか。頂上にあった空間は、坂道を転げ落ちるように、エネルギーの低いほうへ落下してゆきます。これがインフレーションです。

ボールが山の頂上から落ちるのと同じです

から、この落下はいずれどこかの「谷底」で止まるでしょう。その「谷底」に六つの可能性があります。ご覧のとおり、「SU（4）の谷底」が四つ、「SU（3）×SU（2）×U（1）の谷底」が二つです。

どちらに落ちるかによってその後の宇宙の条件が決まるのですが、この二種類は、強い力のあり方が同じではありません。強い力が私たちの宇宙と同じように働くのは、「SU（3）×SU（2）×U（1）」のほうです。したがって、もし「SU（4）」のほうに落ちていれば、この宇宙はまったく別のものになっていました。星や銀河は生まれなかったかもしれません。そちらのほうが確率的には二対一で多いので、その意味では、宇宙に私たちが存在するのは「偶然の産物」といえなくもないでしょう。ただしそれは、サイコロを振って一か二のどちらかが出るのと同じ程度に「ふつう」のことでもあります。

ともあれ、三分の一の確率で「SU（3）×SU（2）×U（1）の谷底」に落ちた宇宙は、インフレーションの過程で無数の子宇宙や孫宇宙を生み出しました。それはすべて、「SU（3）×SU（2）×U（1）」の宇宙になるはずです。したがって、どの宇宙にも星や銀河が生まれた可能性がある。だとすれば私たちの宇宙は、どこにでもある「ありふれた存在」だといえるわけです。

人間原理をめぐる物理学者の対立

もしそうであるならば、マルチバースを前提にした人間原理では、なぜ「人間にとって都合のよい宇宙」になったのかを説明することができません。どの宇宙も同じなのですから、もっと普遍的な原理によって、宇宙の初期条件や物理定数がこのようになる理由を説明する必要があります。

しかし、今日では、前にも記したように多様なインフレーションモデルがあり、多様な物理法則を持つ宇宙が作られるモデルもあります。また、マルチバースを予言しているのは、インフレーション理論だけではありません。前章で紹介した中でも、インフレーション理論と並んで有力視されているのは、超弦理論から出てきた膜宇宙論です。こちらのマルチバースは物理定数どころか次元の数も多様なので、「都合のよい宇宙」を人間原理で説明するにはうってつけでしょう。

このように、マルチバースと人間原理をめぐる考え方は、決して単純なものではありません。前章まで読んだ時点で、「たくさん宇宙があるなら、人間を生む宇宙があっても当然」と思った人も多いとは思いますが、結論を出すのはまだ早い。事実、宇宙を研究する物理学者も、マルチバースによる人間原理をどう評価するかで意見が分かれています。

その評価の違いは、物理法則をどういうものだと考えるかによって分かれるといえるでしょう。たとえばスティーブン・ホーキングは、マルチバースによる人間原理について、次のように発言をしています。

「マルチバースの概念は物理法則に微調整があることを説明できる。この『見かけの奇跡』を説明できる唯一の理論だ。物理法則は、われわれの存在を可能にしている環境因子にすぎないのだ」

これは、地球上の生命が「たまたま必要な環境因子が揃ったせいで偶然に生まれた」と考えるのと似ています。それと同じように、この宇宙は（ほかの宇宙と違って）たまたま星や銀河が生まれるような物理法則を持つので、私たち人間も生まれたのだと考える。物理法則はいくつもの可能性から選ばれるだけであって、それを一つに決める究極の原理など存在しない――というわけです。

ホーキングは誰もがその名を聞いたことがある著名な人物ですから、その言葉に説得力を感じる人は多いでしょう。しかし、第一線の物理学者がみんなそう考えているわけではありません。

たとえば、素粒子の標準模型を構築する上で欠かせなかった「強い力の漸近的自由性」を発見した業績で二〇〇四年にノーベル物理学賞を受賞したアメリカの物理学者デビッド・グロス（一九四一～）は、次のように、マルチバースによる人間原理をかなり厳しい姿勢で批判しています。

「それはまったく科学ではない。科学の理論に必要な観測的実証性も反証可能性もない。結局、論理を詰めることによって究極の理論に到達するという物理学の目的を、放棄することになる」

たしかに、前章で紹介したマルチバースは、どれも「この宇宙」からは観測不能です。したがって、本当にあるかどうか実証することができません。

それができない以上、科学とは呼べないというのがグロスの考え方です。そして科学者は、物理法則を「いろいろある環境因子の一つ」として片づけるのではなく、それを決める究極の原理があるはずだと考えて、理論を深めていかなければいけない——グロスはそのように言っています。

偉大な物理学者たちがここまで正反対の立場を取っているのですから、いかにマルチバースによる人間原理が難しい問題かがわかるでしょう。

人間原理が研究のヒントになることもある

私自身は、人間原理を批判するグロスの考え方に深く共感します。それは、自分の理論が「多様なマルチバース」を予言しないせいばかりではありません。私もグロスと同様、自然界は究極的な原理によって厳密に決められた合理的な物理法則の存在だけを許している——という信念があるからです。

もしホーキングがそれを聞いたら、もしかすると「そんな考え方は頭の古い頑迷な物理学者の言うことだ」などと言うかもしれません。あるいは、彼も本当は同じ信念を持っているにもかかわらず、議論のためにあえて人間原理を支持している可能性もあります。

ホーキングはいたずら好きな茶目っ気のある人物で、これまで何度か物理学上の大問題についてライバルの学者に「賭け」を挑みました。それによって問題自体が注目され、議論や研究が活性化したことは間違いありません。ホーキングには偉大な業績がいくつもありますが、そういう点でも、学界に強い影響力を持つ科学者なのです。

いずれにせよ、マルチバースによる人間原理が実証できない以上、物理学者はギリギリまで「究極の原理」を求めて研究すべきだと私は思っています。世界の物理学者にアンケート調査をすれば、おそらく私やグロスの考え方に同意してくれる人のほうが多いでしょう。できるかぎりシンプルで美しい究極の法則を探し出すことが、物理学者の重要な目的であり、研究を進める動機だからです。

とはいえ、その研究を進める上で、人間原理的な発想がまったく必要ないわけではありません。それは、真実に到達する上で重要なヒントになることもあります。「現実に人間が存在するのだから、自然界はこうなっているはずだ」と予測することで、大きな発見につながることもあるのです。

その一例として、フレッド・ホイルの研究を紹介しておきましょう。記憶力のよい人なら、この名前に見覚えがあると思います。第一章で紹介した「ビッグバン理論」の名づけ親が、このホイルにほかなりません。

　これは余談になりますが、ガモフが「αβγ理論」によって宇宙がかつて「火の玉」だったと主張したのに対して、当時のホイルは「定常宇宙論」を唱えていました。これは、アインシュタインが考えていた永遠不滅の静的な宇宙像とは違います。ハッブルによって銀河がお互いに遠ざかっていることが発見された後のことですから、宇宙の膨張自体は否定することができません。

　しかしホイルは、それでも宇宙の状態は変わらないと考えました。空間が膨張しても、その分、真空からガスが生まれてやがて固まり、銀河になる。銀河同士の距離が離れても、それを埋めるように新しい銀河ができるので、物質の密度は変わらない。過去も未来も定常だから、「火の玉」の大爆発から宇宙が始まったなどというバカげた話はあり得ない——そう考えたからこそ、ホイルはガモフの理論を「ビッグバン」という言葉で揶揄したのです。

状況証拠だけで有罪と決めつけてはいけない

この話が有名になってしまったせいで、ホイルのことをダメな学者だと勘違いしている人も多いかもしれません。しかし彼の定常宇宙論は、当時の社会でかなり広く支持されていました。それは、「時間や空間に始まりも終わりもない」というニュートン以来の伝統的な考え方が根づいていたせいもあるでしょう。しかしそれだけでなく、「ホイルのような立派な学者の言うことがそんなに間違っているとは思えない」という、社会的な信頼性もあったのだろうと思います。ホイルは、当時のイギリスが誇る最高の天文学者だったのです。

事実、ホイルはさまざまな分野で多くの業績を残しました。とくに重要なのは、元素合成の理論の発展に大きく寄与した研究でしょう。それは、「B2FH」と呼ばれる論文です（この名前は、共同研究者のバービッジ夫妻、ファウラー、ホイルの頭文字を並べただけなので、とくに意味はありません）。

ホイルは、炭素の原子核が、あるエネルギー準位を持つことを予言しました。星の内部で元素が合成されるプロセスの中に、ヘリウムの原子核三個から炭素ができる「トリプルアルファ反応」という核反応があります。もしこの反応が起こらなければ、生物の材料として欠かせない炭素は作られず、したがって人間も誕生しなかったでしょう。現に人間が存在している以上、もちろん、トリプルアルファ反応は起きました。

しかしこの反応が起きるためには、炭素の原子核がある特定のエネルギー準位を持っていなければいけません。人間が存在するのだから、炭素原子核は必ずそのエネルギー準位を持つはずだ——これが、ホイルの予言です。これはまさに、人間原理の先駆けともいえる発想でした。

その後、ホイルの予言は、実験によって裏づけられました。人間原理的なアイデアによって見出された理論が、自然界の真実を明らかにするのに役立ったわけです。

しかし、「人間がいるのだから自然界はこうなっているはずだ」と考えて真実を探るのと、「人間がいるのだから人間ができるのは当たり前」と考えて探究をやめるのは、決して同じ態度ではありません。

犯罪捜査になぞらえて言うなら、前者は状況証拠から「こういう物的証拠があるはずだ」と予想してそれを探すのと同じでしょう。これは本来あるべき捜査の流れです。

ところが後者は、状況証拠だけで容疑者を有罪と決めつけるのに似ています。これは、冤罪《えんざい》を生んでしまう可能性が高い。真実を突き止めようと思ったら、状況証拠だけで物事を判断してはいけません。科学者の仕事は、論理と証拠によって自然界の真実を突き止めることです。人間原理だけですべてを説明したことにしてしまったのでは、学問を放棄したも同然ではないでしょうか。

人間原理の乱用は学問の放棄

ここで一つ、面白い話を紹介しておきましょう。「もし月が衛星として存在しなかったら、地球上に人間は存在しない」という説をご存知でしょうか。

なぜそんな話になるかというと、月が地球にとって「盾」の役目を果たしているからです。地球には宇宙からたくさんの隕石が落ちてきますが、そのうちの何%かは、月の引力で捕まえられたり、月に直接ぶつかったりして、地球まで届きません。事実、地球からは見えない月の裏側は、表側よりもクレーターがたくさんあります。おそらく、隕石が衝突したためでしょう。

したがって、月がなければ、地球には実際よりも多くの隕石が降り注いでいたはずです。

あの恐竜も巨大隕石の衝突による気候変動で絶滅したという説が有力ですから、もし隕石がもっと落ちていたら、今ごろ地球上の生物すべてが絶滅していたかもしれません。

これを人間原理で説明すると、こうなります。

「地球に月という衛星があるのは、そこに人間が存在するからだ——」

もちろん、これは人間原理の乱用を戒めるために考えられた無理のあるレトリックにすぎません。当然、この理屈で納得する人はいないでしょう。なぜそこに月という衛星が生まれたかは、きちんと証拠を積み上げながら考えなければいけません。科学とはそういうものです。「人間がいるから月があって当然」で話を終わらせたのでは、地球が存在する理由も「人間がいるから」で片づいてしまうでしょう。さらに言えば、宇宙が存在するのも「観測者としての人間が存在するからだ」という話で終わってしまう。これでは、何も科学的に説明したことになりません。

ですから私たち物理学者は、マルチバースによる人間原理に安住することなく、その根源にある究極の理論を求め続けるべきだと私は思います。もちろん、人間原理を絶対的に否定することもできません。もし究極の理論が宇宙の初期条件や物理法則について「唯一の答え」を持たず、複数の宇宙を示唆するものになったとすれば、「人間にとって都合のよい宇宙」は人間原理で説明するしかないでしょう。

しかし、そうなるかどうかはまだわかりません。人類の叡智《えいち》を結集すれば、この宇宙の物理法則が唯一の法則になるような原理が解明される可能性があります。その場合、ユニバースであれ、マルチバースであれ、宇宙というものが生まれれば必ず知的生命体が誕生するといえるでしょう。人間原理は必要なくなるのです。

物理学は、あらゆる科学の基礎になる学問だと私は思っています。私たち人間が生きている宇宙を根源から説明しようとする学問はほかにありません。

そして物理学は、本書でお話ししてきたとおり、宇宙のさまざまな謎を解き明かしてきました。その仕事は、物理法則を決める究極の原理を見つけるまで終わることがありません。人間原理は、その過程で投げかけられた一つの問題提起にすぎないと考えるべきでしょう。暗黒物質やダークエネルギーなど、未解決の謎もまだまだたくさんあります。自分の生きている世界のことを知りたいと願う人類の営みは、まだ始まったばかりといえるのかもしれません。

あとがき

現在、宇宙の最大の謎は、正体不明のダークマター、ダークエネルギーが、宇宙を構成する物質エネルギーのおよそ九六％を占めていることだと言われている。しかし、これらの謎よりはるかに大きな謎は、「この宇宙を支配する物理法則があたかも生命、認識主体となる人類を生むように、都合よく微調整されている」ことではないだろうか。

これを説明する理論として人間原理が提唱されている。「宇宙は無数に存在し、物理法則はそれぞれの宇宙で異なる。その中で、認識主体が生まれる宇宙のみ存在が認識される。他の宇宙は認識されない。したがって、認識された宇宙は認識主体が生まれるようにあたかもデザインされたように見える」というものである。人間原理を支持するスティーブン・ホーキングは、これを「『見かけの奇跡』を説明できる唯一の理論だ。物理法則は、われわれの存在を可能にしている環境因子にすぎないのだ」と言い切る。一方、人間原理に反対する科学者は「科学の理論に必要な観測的実証性も反証可能性もない。結局、論理を詰めることによって究極の理論に到達するという物理学の目的を放棄している」と真っ向から反対する。

私自身は、基本的に後者の立場であり、四半世紀前に人間原理を知ったとき、これはとうてい科学ではない、と強い嫌悪感を覚えたものである。物理学者の端くれとして「論理を詰めて研究を進めるならば、私たちは、未定数をいっさい含まない究極の統一理論に達するはずだ」「そもそも、物理法則の美しさから考えても、物理法則はでたらめにサイコロを振って決まっているようないい加減なものではなく、確かな原理で確定的に決まっているものだ」と信じていた。

人間原理を支持する側からは、このような信念は、神秘的宗教的信念にすぎないとみなされるであろう。また私も、究極の理論が、現在の超弦理論のように唯一の物理法則ではなく複数の法則を示唆するだけならば、人間原理に依拠するしかないことを認めざるを得ない。しかし、現在の超弦理論は具体的に力の統一にも成功していない。さらに論理を詰めて、研究を発展させることを切望したい。

この本では、現在のマルチバースにいたるまでの宇宙論の歴史を、理論と観測の両側面からわかりやすく解説した。また、この宇宙が、いかに生命が生まれるのに都合よくデザインされているかについても詳しく解説した。人間原理についてはその歴史も詳しく紹介した。読者のみなさんは人間原理をどのように評価されただろうか？　この本によって、多くの方々に宇宙論研究のおもしろさを味わっていただければ幸いである。

この本は、私が口述したものをライターの岡田仁志さんに文章として起こしていただいたものである。困難な作業をやり遂げていただいた岡田さんに心から感謝申しあげたい。また、集英社新書編集部の渡辺千弘さんには、この本の企画の段階から貴重な助言をいただくなどたいへんお世話になった。心から深く感謝したい。

二〇一三年五月

佐藤勝彦

佐藤勝彦（さとう　かつひこ）

一九四五年、香川県生まれ。京都大学理学部物理学科卒業。同大学大学院理学研究科博士課程修了。東京大学大学院理学系教授、ビッグバン宇宙国際研究センター長などを経て、東京大学名誉教授、自然科学研究機構機構長、明星大学客員教授。宇宙創成における「インフレーション理論」提唱者の一人。著書に『宇宙論入門』（岩波新書）、『眠れなくなる宇宙のはなし』（宝島社）など。

宇宙《うちゅう》は無数《むすう》にあるのか

集英社新書〇六九四G

二〇一三年六月一九日　第一刷発行
二〇一三年七月二三日　第二刷発行

著者……佐藤《さとう》勝彦《かつひこ》
発行者……加藤　潤
発行所……株式会社集英社
東京都千代田区一ツ橋二-五-一〇　郵便番号一〇一-八〇五〇
電話　〇三-三二三〇-六三九一（編集部）
〇三-三二三〇-六三九三（販売部）
〇三-三二三〇-六〇八〇（読者係）

装幀……原　研哉
印刷所……大日本印刷株式会社　凸版印刷株式会社
製本所……加藤製本株式会社

定価はカバーに表示してあります。

ISBN 978-4-08-720694-4 C0242

Printed in Japan

a pilot of wisdom

a pilot of wisdom

集英社新書　好評既刊

老化は治せる
後藤 眞　0683-I
老化の原因は「炎症」だった！　治療可能となった「老化」のメカニズムを解説。現代人、必読の不老の医学。

千曲川ワインバレー 新しい農業への視点
玉村豊男　0684-B
就農希望者やワイナリー開設を夢見る人のためのプロジェクトの全容とは。日本の農業が抱える問題に迫る。

教養の力 東大駒場で学ぶこと
斎藤兆史　0685-B
膨大な量の情報から質のよいものを選び出す知的技術など、新時代が求める教養のあり方と修得法とは。

戦争の条件
藤原帰一　0686-A
風雲急を告げる北朝鮮問題など、かつてない隣国との緊張の中でいかに判断すべきかをリアルに問う！

金融緩和の罠
藻谷浩介／河野龍太郎／小野善康／萱野稔人　0687-A
アベノミクスを危惧するエコノミストたちが徹底検証。そのリスクを見極め、真の日本経済再生の道を探る！

消されゆくチベット
渡辺一枝　0688-B
中国の圧制とグローバル経済に翻弄されるチベットで、いま何が起きているのか。独自のルートで詳細にルポ。

荒木飛呂彦の超偏愛！映画の掟
荒木飛呂彦　0689-F
アクション映画、恋愛映画、アニメなどに潜む「サスペンスの鉄則」を徹底分析。偏愛的映画論の第二弾。

バブルの死角 日本人が損するカラクリ
岩本沙弓　0690-A
バブルの気配を帯びる世界経済において日本の富が強者に流れるカラクリとは。危機に備えるための必読書。

爆笑問題と考える いじめという怪物
太田 光／NHK「探検バクモン」取材班　0691-B
いじめはなぜ起きてしまうのか。爆笑問題が現場取材し、尾木ママたちとも徹底討論、その深層を探る。

水玉の履歴書
草間彌生　0692-F
美術界に君臨する女王がこれまでに発してきた数々の言葉から自らの闘いの軌跡と人生哲学を語った一冊。